ART ENCYCLOPEDIA

青少年科学与艺术素养丛书

外国文学

小书虫读经典工作室 编著

天地出版社 | TIANDI PRESS

山东人民出版社·济南

国家一级出版社 全国百佳图书出版单位

图书在版编目（CIP）数据

外国文学 / 小书虫读经典工作室编著. 一 成都：
天地出版社；济南：山东人民出版社，2022.6
（青少年科学与艺术素养丛书；12）
ISBN 978-7-5455-7078-6

Ⅰ.①外… Ⅱ.①小… Ⅲ.①外国文学—文学史—青
少年读物 Ⅳ.①I109-49

中国版本图书馆CIP数据核字（2022）第072432号

WAIGUO WENXUE

外国文学

出 品 人	杨 政
编 著	小书虫读经典工作室
责任编辑	李红珍 李菁菁
装帧设计	高高国际
责任印制	董建臣

出版发行	天地出版社
	（成都市锦江区三色路238号 邮政编码：610023）
	（北京市方庄芳群园3区3号 邮政编码：100078）
	山东人民出版社
	（山东省济南市市中区舜耕路517号11-14层 邮政编码：250003）
网 址	http://www.tiandiph.com
电子邮箱	tianditg@163.com
经 销	新华文轩出版传媒股份有限公司

印 刷	北京盛通印刷股份有限公司
版 次	2022年6月第1版
印 次	2022年6月第1次印刷
开 本	700mm×1000mm 1/16
印 张	300（全20册）
字 数	4800千字（全20册）
定 价	998.00元（全20册）
书 号	ISBN 978-7-5455-7078-6

厚植沃土——在知识与知识之间

序一

高品质的图书是精良的知识补给，对于基础教育至关重要。它应该是客观的、开阔的、系统性的。"青少年科学与艺术素养丛书"由小书虫读经典工作室编著，整套图书共20册，涉及艺术素养的有10册，它们内容翔实，不仅涵盖了中国和外国的绘画史、文学史等基础内容，亦包括关于中国书法史和中外音乐史、建筑史、戏剧史等别具一格的分册。

系统的知识构成，体现出教育认知的深度。各分册之间的内在关联，则凸显出丛书的科学性和计划性。在这套丛书中，各门类知识之间不仅环环相扣，更是相互嵌套的。知识之间的这种线性链接和复合交错的双重属性，就是知识的基础结构，它是促成人类自主认知机制的内在支撑。比如丛书中《外国美学》与《外国绘画》就是这种链接关系，美学史与绘画史之间，既是抽象和具体的关系，亦是文本和现实的对照。

精良的知识系统具有复合性。各知识门类之间彼此交叉、互为成全。建筑、戏剧等具有空间属性的艺术，本身便是社会现实的写照，体现了人类在自然条件下开拓和营造空间的能力。它既得益于知识之间的相互结合，又是孕育新知识的母体。建筑艺术就是这方面的典型，它一方面依赖于知识的综合性，一方面又营造了知识生产的文化生态，成为新知识培育和娩出的子宫。丛书中的分册《中外建筑》着实令我欣喜，这俨然显示出一种气象不凡的新型知识格局。

优质的系列丛书具备均衡性。就公民美育的目标而言，大美术是一个富于活力的概念，它为整体素质的提升创造了更为丰富的成长路径和进步空间，对处于启蒙阶段的儿童以及思维养成阶段的少年而言更是如此。美育的入道，理应多元并举、触类旁通。语言文学和视觉艺术之间存在贯通的可能性，听觉艺术和视觉艺术之间也具有内在关联。不同的感官是人类认知世界的通道和媒介，我认为所有感官的开启和闭合都是阶段性的，令我们得以交替运用不同的方式去认知世界。因此，我们需要从小关照各种感官，启发、呵护、培植它们，令它们保持开启的可能性与敏感性，以便伺机而生、临机而动。

在一个人思维模式的形成过程中，理性思维是认知基础和养成目标，但感性思维亦不可或缺。理性主宰着思维方式，感性则关乎灵气。文学、美学、艺术以及建筑领域的经典个案，皆渗透着情感的力量。每一种知识体系的形成都历经了漫长的演变过程，这就是历史。历史学习之所以重要，就在于理性观摩的积淀，以及感性思维的导向，由此，我们可以看到一种理性与感性反复交织的自生模型，并深得裨益。

苏 丹

清华大学艺术博物馆副馆长、清华大学美术学院教授

2020 年 3 月 4 日于北京·中间建筑

有艺术滋润的生活才快乐

序二

在人类历史的漫长岁月中，艺术一直伴随着人们的生存和发展。数千年来，不同地区、不同生活生产方式下的人们，无不拥有着各自不同形式的艺术。文学、戏剧、音乐、绘画、建筑、美学等艺术形式，不仅记录了人类自身的生产实践，更表达着他们代代相传的丰富想象力及对理想信念、品德智慧的情感追求。

文化艺术活动反映人们的精神世界，是人类生活表象背后的精神轨迹，也是人类社会的内涵和价值取向。审美生活是人类生活中最高贵的形式，没有艺术滋润的生活是不快乐的。"仓廪实而知礼节，衣食足而知荣辱"是中国古人留给我们的箴言。子曰："志于道，据于德，依于仁，游于艺。"蔡元培先生认为，美育是最重要、最基础的人生观教育，"所以美足以破人我之见，去利害得失之计较，则其所以陶养性灵，使之日进于高尚者，固已足矣"。文化艺术是人类情感精神活动的结晶，是人类的最高境界和生活方式。这种超越物质生活的精神层面之自由天地，就是文化艺术存在的重要意义。

在当今中国的社会生活中，孩子们学琴、学画画儿，参加各种艺术活动已非常普遍。为了提高学生的美育水平，社会、学校都有明确的目标要求和行动落实。未来中国，文化生活将会变得越来越必需，越来越重要。引导孩子们从小了解、速览各门类艺术史，借此在潜移默化中提升气质修养、凝聚精神力量、积累学识认知可谓至关重要。

这套丛书中与艺术相关的分册内容非常丰富，包括文学、戏剧、音乐、绘画、书法、建筑、美学等各艺术门类，知识性、专业性很强，但又并不枯燥难懂。每本看似体量不大，却是对该艺术门类发展史的高度概括和简述，直观清晰。古今中外，人类文明发展过程中曾对人的精神产生过重要影响的各种艺术形式、观点、环节、人物、作品如同被卫星定位和导航般，在此一下子轮廓尽收，路径显现。

把数千年来的专业知识用通俗易懂的方式介绍给孩子们不是件容易的事。这不是一个简单的"浓缩历史"的工作，而是一项长期且艰难的系统工程。编者需要付出极大的耐心和做出大量的案头工作，必须分门别类，撷取精华，去伪存真，突出特点；同时还要各门类间互为参照补充，遥相印证，准确表达。孩子们通过阅读这套艺术简史，可以了解、掌握必要的"打底"知识，从而理解人类精神情感生活来源的方方面面及发展脉络，可开阔视野，增长见识，激发情趣，进而通过艺术理解生活，实属开卷有益。

还应该引导读者们通过阅读这套书，发现这样一个现象：每当世界有了新的技术和情感记录方式时，文学艺术的创作风格就会另辟蹊径。所谓从物质文明到精神文明的飞跃恰恰体现于此，而为什么说文化是现代社会的核心价值观和竞争力，也体现于此。

读者们通过图文并茂的阅读熟悉了历史的内涵，有了坐标之后，再去博物馆、美术馆、大剧院、音乐厅，感受、印证、共鸣一番，大量知识自然会轻松理解，终生难忘……

我离开大学 30 多年了，读了这套简史，又重温了一遍人类文明进程中的许多重要故事，收获颇丰，感慨良多。我觉得这套简史就是奉献给小读者们学习的精美甜点，如开启智慧的方便法门。不光对孩子们有帮助，同时也可供大人和孩子一起读，交流分享读书感受，老少皆宜，裨益生活。

安远远

中国美术馆副馆长

2020 年 3 月 10 日于中国美术馆

第一章　从辉煌走向辉煌：
古希腊、古罗马及中世纪文学

（前 11 世纪—14 世纪文艺复兴之前）

古希腊文学是整个西方文学的源头，也是欧洲文学的第一个高峰。除了神话和荷马史诗，古希腊还先后出现了抒情诗、寓言，以及悲剧、喜剧。古罗马文学全面继承和发展了古希腊文化，但也根据本民族的特点和现实需要，创造了独具特色的文学。中世纪的欧洲，文学有着鲜明的"综合体"特色——它既是东西方文化相互影响、交融的产物，也是基督教文化和世俗文化结合的产物。

第二章　由神回到人：文艺复兴时期文学

（14世纪中叶—16世纪）

欧洲文艺复兴时期人文主义盛行，人文主义文学与当时的哲学、科学、艺术等领域一样，把"人"放在第一位，在作品中肯定人的权利、价值和尊严。

人文主义文学作家讴歌人的本性和欲望，对封建制度和道德及宗教禁欲主义进行抨击。他们描写现实生活，常常采用普通百姓所熟知的方言俗语进行写作。这一时期的人文主义代表作家有出生于意大利的"诗圣"彼特拉克、薄伽丘，还有法国人拉伯雷、西班牙小说家塞万提斯及英国伟大的戏剧作家莎士比亚。

第三章　在理性中复古：古典主义文学

（17世纪）

17世纪文学主要包括古典主义文学、巴洛克文学和清教徒文学，其中又以古典主义文学为主。这一文学思潮在欧洲流行了两个世纪，直到19世纪初浪漫主义文艺兴起才结束。古典主义文学的代表作家有高乃依、让·拉辛及莫里哀，他们的作品大多写贵族世家的恩怨情仇，具有古典文学的味道。这几位代表作家，又以莫里哀最具代表性，他写作的《伪君子》成就也最大。

第四章　寻找光明：启蒙文学

（18世纪）

18世纪，在整个欧洲产生了被称为"启蒙运动"的思想文化革命运动，这一时期的文学也因此被称为"启蒙文学"。启蒙文学比文艺复兴时期的人文主义文学更具有批判性，作家们在作品中表现出的政治参与性和革命性更浓烈。他们笔下的主人公大多是平民，多数还被塑造成英雄。

第五章　文字中的理想和自由：浪漫主义文学

（19 世纪）

19 世纪的欧美文学以浪漫主义为主。浪漫主义文学在艺术上强调个人感情的自由抒发，有强烈的主观性。浪漫主义文学作家大多把爱情视为人类最强烈的情感，所以他们的作品有很多都是描写爱情的。英国是最早出现浪漫主义文学的国家之一，它也是浪漫主义文学发展得最为兴盛的国家。其中，最能代表英国浪漫主义文学成就的是诗歌。其他国家的浪漫主义文学发展各有不同，在法国以小说为主，代表作家有雨果、大仲马及写科幻小说的凡尔纳，美国则以诗人惠特曼等为代表。

第六章 小人物的春天：批判现实主义文学

（19世纪）

批判现实主义文学，顾名思义，反映现实，具有社会批判性。这种文学思潮最先出现在爆发资产阶级革命的法国，后来在英国得到迅速发展。在法国产生了司汤达、巴尔扎克、小仲马等代表作家，在英国则以狄更斯、勃朗特三姐妹等人为代表。以后，这一思潮波及俄国、北欧和美国等地，成了19世纪欧美文学的主流，使之产生了许多伟大的作家。俄国的诗人普希金，小说家屠格涅夫、托尔斯泰、陀思妥耶夫斯基、果戈理及著名的讽刺作家契诃夫等，以及美国作家马克·吐温等，都是在这一文学主流中成长起来的。

第七章　主流之外的硕果：
自然主义和其他文学流派

（19世纪）

19世纪的欧美文学以批判现实主义为主，但仍存在三个重要流派：自然主义、唯美主义和象征派。自然主义是由现实主义衍生而来的，该流派最重要的代表左拉曾经说过，巴尔扎克是"自然主义小说之父"，而左拉本人早期的写作也是现实主义风格。左拉的代表作是汇集了20部长篇小说的巨作《卢贡-马卡尔家族》。唯美主义和象征派的代表分别是英国的王尔德和法国的波德莱尔，前者以童话闻名于世，后者的代表作《恶之花》开创了现代主义风格。

第八章　文坛多棱镜：20世纪欧美及俄苏文学

（20世纪）

20世纪的欧美文学仍以现实主义为主，是对19世纪批判现实主义的继承和发展。这一时期的现实主义文学受到整个世界历史变迁的影响，不同国家之间的文学创作既具有共性又具有鲜明的差异性，呈现了精彩纷呈的文学现象。受欧洲优秀的现代文学成果的影响，20世纪的俄苏文学呈现出缤纷多彩的景象，但现实主义文学是整个20世纪的俄苏文学中取得成就最高的文学流派。

第九章　在标新立异中沉思：
西方现代主义文学

（鼎盛于 20 世纪 20 年代）

西方现代主义文学的主要流派包括后期象征主义、表现主义、未来主义、超现实主义和意识流小说等，这些流派无论在文学形式还是审美观念上都具有明显的反传统特征。作家们热衷于艺术技巧的革新，力图通过一种更深奥的方式来表达自己的思想，而他们的思想往往带有强烈的文化批判倾向。如后期象征主义的代表艾略特，他的诗歌看似难懂，其实是作者出于批判的需要，无意识地以象征暗示的手法来揭露内心"最高的真实"。表现主义代表有奥地利的弗朗茨·卡夫卡和美国的尤金·奥尼尔，卡夫卡的成就较高，他的代表作是《变形记》。

第十章　彻底反传统：后现代主义文学

（鼎盛于 20 世纪 70—80 年代）

后现代主义文学跟现代主义文学一样，受各种非理性主义的影响。它是现代主义的延伸和强化——比现代主义更加彻底地反传统。后现代主义文学流派以存在主义文学为主，因为整个后现代主义都是以存在主义为哲学基础的。萨特是存在主义哲学家，也是存在主义文学的重要代表。他的小说和戏剧都带有强烈的存在主义哲学思想，特别是《恶心》《墙》《禁闭》等，在全世界范围具有深远的影响。除了存在主义，其他作家另辟蹊径，创造了荒诞戏剧、新小说、黑色幽默文学、魔幻现实主义小说等新的文学形式。

第十一章　怀疑与叛逆的火光：中古亚非文学

（3 世纪—19 世纪中叶）

中古亚非文学是处在封建社会的文学，这一时期的文学表现出超越现实、突破封建传统和束缚的思想倾向，具有怀疑和叛逆精神。其中，印度、日本、波斯和阿拉伯取得的文学成就最为突出。日本诞生了第一部写实长篇小说《源氏物语》，阿拉伯产生了具有世界影响的民间故事集《一千零一夜》。波斯迎来诗歌的黄金时代，涌现了许多著名诗人，其中又以萨迪成就最大，他的《蔷薇园》中"亚当子孙皆兄弟"一句，至今仍被联合国采录为阐述其宗旨的箴言。

第十二章 东方之珠：
印度和日本的近现代文学

（19世纪中期—20世纪初期）

在欧美各种现代主义文学思潮的影响下，亚非的近现代文学有了突破性的发展，但发展比较失衡，以印度和日本的文学成就最突出。印度出现了第一位获得诺贝尔文学奖的亚洲人泰戈尔，日本的川端康成和大江健三郎又先后于1968年和1994年获得了该奖项。泰戈尔创作了50多部诗集，以诗歌闻名于世。川端康成以格调悲伤唯美的小说闻名。此外，大器晚成的夏目漱石在日本近代文学中的地位也不可忽视。他的《我是猫》诙谐幽默，叙事艺术也独具风格，是日本近代文学史上的经典讽刺之作。

第一章

从辉煌走向辉煌：
古希腊、古罗马及中世纪文学

（前11世纪—14世纪文艺复兴之前）

古希腊文学是整个西方文学的源头，也是欧洲文学的第一个高峰。除了神话和荷马史诗，古希腊还先后出现了抒情诗、寓言，以及悲剧、喜剧。古罗马文学全面继承和发展了古希腊文化，但也根据本民族的特点和现实需要，创造了独具特色的文学。中世纪的欧洲，文学有着鲜明的"综合体"特色——它既是东西方文化相互影响、交融的产物，也是基督教文化和世俗文化结合的产物。

【图1】 古希腊陶器上绘制的吟游诗人

荷马的"英雄史诗"

　　所谓史诗，是指经由数代人口头传播后再由某个人或某个集体编辑而成的一种长篇叙事诗。相传荷马为古代希腊两部著名史诗的作者，一部名为《伊利昂纪》（又译《伊利亚特》），一部名为《奥德修纪》（又译《奥德赛》）。

　　根据考古发现，地中海东岸小亚细亚地区在古代曾有一座名为伊利昂的城市，在这个城市里居住着特洛伊人。大约公元前12世纪末，希腊半岛上的各部落联合起来，跨海东征，毁灭了特洛伊。这场战争经由后人们用神话方式讲述并传唱，在公元前9至前8世纪时，被一个叫荷马的诗人加工整理，成了现在人们所看到的《荷马史诗》。其实，因为无可靠的生平事迹可查询，荷马的身份未能得到确认，不过人们普遍认为荷马的形象类似于《奥德修纪》中双目失明的行吟诗人谛摩多科斯（图1）。荷马并非古希腊最早的史诗创作者，但他加工编创的《伊利昂纪》和《奥德修纪》是古希腊文学的辉煌代表，也是两千多年来欧洲叙事诗的典范。

　　《伊利昂纪》和《奥德修纪》各为24卷，《伊利昂纪》描写特洛伊战争结束前一年的故事，共有15693行；《奥德修纪》讲述希腊联军主将之一奥德修斯在战后返乡的故事，共有12110行。两部史诗的故事都是跨越十年，两者都没有写全过程，而是截取最后一年中的一段故事来表现全体。

　　荷马史诗塑造了阿喀琉斯（图2）、赫克托耳、奥德修斯等英雄形象，这些英雄把个人荣誉和尊严当作第一生命，他们所有的冒险行动都展示了自己

3

【图2】 ［法］雅克·路易·大卫《阿喀琉斯的愤怒》（局部）

的勇敢、智慧。同时，荷马史诗以宏大的规模、丰富的内容、生动的人物刻画，向人们展示了古希腊人的精神面貌。两部作品都传达了同一个思想：要拼搏！不放弃的生活才是真正的活着的生活，即使在无法改变的命运之下，也不要消极地屈从于命运，而要克服一切困难，去争取生命的尊严。在荷马看来，战争虽然残酷，但战场是证明一个男人价值的地方，是"争得荣誉的地方"。所以，作品中的战士们即使明知凶多吉少，也会说："让我们冲上去吧，要么为自己争得荣光，要么把它拱手让给敌人。"荷马史诗塑造的英雄形象生动地刻画了那个光荣的岁月，英雄超越时空界限，成为永恒。荷马史诗因此又被称为"英雄史诗"。公元前4世纪的古希腊哲学家柏拉图在他的作品《理想国》中提到，荷马教育了希腊人。

在文学特色上，荷马史诗具有鲜明的写作特点，那就是有一套固定的修饰词语。这一特点与史诗是口诵而来有关。为了方便人记忆，在形容人、事、物时，同样的修饰往往会出现很多次。比如在两部作品中，阿伽门农都是"军队的统帅"，而对奥德修斯则多次用了"足智多谋"来形容。不过总的来说，荷马史诗的语言简单生动，有的还极富想象力。比如作者在描述太阳神阿波罗从奥林匹斯山上下来时，说他"像黑夜一般"。形容前进中的军队，他说队伍"吞吐着杀气，队形密得犹如南风刮来弥漫峰峦的浓雾"。

无论是从文学艺术还是从历史文化角度来看，荷马史诗都具有极高的文献价值，因此它被视为古希腊文学的代表之作。

【图3】 ［法］皮埃尔·纳西斯·格林《克吕泰墨斯特拉杀死阿伽门农》

"悲剧之父"的三部曲

　　《俄瑞斯忒亚》由古希腊诗人埃斯库罗斯创作，是流传至今的唯一一部完整的古希腊三连剧，也是一部极具悲剧意识的文学作品。埃斯库罗斯被后人尊称为"悲剧之父"，现代人所谈的古希腊悲剧作品，实际是指埃斯库罗斯及索福克勒斯、欧里庇得斯三位古希腊"悲剧诗人"留存下来的33部作品。这33部作品中，埃斯库罗斯所创的共有7部，其中就包括《俄瑞斯忒亚》三部曲：《阿伽门农》《奠酒人》和《复仇女神》（又名《欧墨尼德》）。

　　《俄瑞斯忒亚》三部曲反映了古希腊父权制和母权制之间的斗争，表达了一个人的生存始终是与痛苦相伴的这一悲剧意识。阿伽门农被迫献出女儿是因为他得罪了狩猎女神阿耳忒弥斯，如果他不那么做他的士兵就会反叛。当女儿向他苦苦求情时，痛苦的阿伽门农也只能"冷得像块石头一样"，向他女儿解释说："这么大的一支船队由我统率，多少王子身穿盔甲站在我周围听我发布命令。我的孩子，如果我不遵照神谕的预言牺牲你，那么特洛伊之战我们必败……他们就会杀掉你，也杀掉我……我只能顾全我的臣民的要求。"阿伽门农被迫杀掉了女儿，他继而被自己的妻子背叛杀害，这是他作为一个英雄的悲剧。

　　阿伽门农杀死自己的女儿，克吕泰墨斯特拉为了替女儿报仇杀死了阿伽门农（图3），俄瑞斯忒斯为了替父亲报仇杀死了自己的母亲。作者将故事的主线放在阿伽门农两代家族世仇发展的情节上，通过刻画主要人物的个性、

【图 4】 埃斯库罗斯

选择及他最终的下场，从侧面论述古希腊文学所强调的命运主题。作者还借助俄瑞斯忒斯这个最后的也是最无辜的悲剧人物，强化了《荷马史诗》中所表现的那种具有浓烈色彩的悲苦世界观。

然而，埃斯库罗斯（图 4）并非完全在宣扬消极的生命意识。他通过情节的发展来论述各个人物存在的正义与邪恶、美与丑、错与对的多面性，说明万事万物并非只有一个绝对的标准。在埃斯库罗斯看来，很多时候人们做出的选择都是被迫的，也往往是带有双面性的，而对于处在这么一种境地中的人，应该由至高无上的神来判决他的生死。所以，在他最后的故事描写中，公正无私的雅典娜投出了具有决定意义的一票。雅典娜的那一票，既是象征和平与公正，代表人类可以从罪恶中得到救赎的宽容一票，也是象征父权战胜母权的一票。

在艺术特色方面，《俄瑞斯忒亚》发挥了埃斯库罗斯诗歌写作的特点。在刻画人物或者表达某种意象时，作者既不拘泥于某个词汇的重复运用，又灵活地运用各种不同的表达来描述同一个事物。比如，在《奠酒人》中，作者多次将"蛇"搬出来，有时用来指克吕泰墨斯特拉，有时用来指俄瑞斯忒斯，而在第1050行中，蛇则是指无形的复仇精灵。

总的来说，《俄瑞斯忒亚》是埃斯库罗斯所有作品中最优秀的一部。作者以三部曲的篇幅，纵横捭阖，大刀阔斧，以简单交错、波澜起伏的形式向读者展现了一幕幕惊心动魄的场面，其磅礴的悲剧气势充分体现了埃斯库罗斯的悲剧理念。

悲　剧

　　悲剧的原型，是在葡萄酒酿成的季节里祭祀酒神狄奥尼索斯的颂歌。因为祭祀者需要穿上羊皮，扮演酒神的侍从半羊人萨提尔演唱，所以悲剧在希腊语中的意思为"山羊歌"。最早的酒神颂形式简单，只有合唱队的合唱，后来增加了表演的内容，才逐渐发展成悲剧。

　　在古希腊时期的雅典，悲剧演出是公共宗教庆典的重要组成部分，每个雅典公民都能免费观看，费用由城邦指定的有钱人承担。演出结束后，组织者会从观众里抽出10名做陪审员，以无记名投票的方式选出优胜者。最初，奖品只是一只山羊，而在雅典鼎盛时期，会直接颁发现金。

一部"十全十美的悲剧"

　　《俄狄浦斯王》是古希腊三大悲剧之一，与埃斯库罗斯的《被缚的普罗米修斯》、欧里庇得斯的《美狄亚》齐名并列。《俄狄浦斯王》的文学成就比后两者更大，被亚里士多德称为"十全十美的悲剧""悲剧艺术的典范"。

　　《俄狄浦斯王》的作者索福克勒斯在少年时代就显示出文学、诗歌方面的天赋，据说他一生一共写过120多部剧本，所拿的奖项是古希腊悲剧作家中最多的，共有24次。遗憾的是，索福克勒斯的作品流传至今完整的只有7部，这7部之中，又以《俄狄浦斯王》最为著名。

　　在《俄狄浦斯王》这部悲剧作品中，作者索福克勒斯将命运刻画成一个具有强大力量的邪恶魔鬼。在这个魔鬼面前，一个善良正直、勇敢智慧的人也不能与它抗战，只能任由自己一步一步走向它早已设置好的罪恶的深渊之中。作者又通过突出描写人的意志和命运的冲突，深化了"命运是无法改变的"这一主题，加重了作品的悲剧色彩。也因此，这部戏剧被人称为"命运悲剧"。

　　但是，索福克勒斯的创作宗旨并不在于倡导人们做任由命运驱使的奴仆，而是通过描写英雄俄狄浦斯和邪恶命运的搏斗，表达出"一个人应该具有独立意志"这一思想。在《俄狄浦斯王》中，命运的不合理性及俄狄浦斯的抗争，象征了当时雅典尖锐的社会矛盾和奴隶主民主派的反抗。俄狄浦斯王从头到尾一直在努力地抗争，最后他以勇敢和正义精神处罚最无辜的自己，这是他永不屈服，敢于直面残酷的现实和承担责任的表现，也是他作为一个自由人对命运做出的最后抗议。

索福克勒斯在《俄狄浦斯王》中展示了他勾勒故事的能力。他得心应手地把人物放在意志与命运的尖锐冲突中，以此表现一个人的悲剧。这种写作手法被亚里士多德、维吉尔、莱辛、歌德等人推崇。此外，索福克勒斯善于运用各种修辞方法来塑造悲剧气氛，且在情节及详略的安排上极具合理性，又利用层层铺垫提高了情节对人的吸引度。整篇作品的叙述有条不紊，人物的出现和往来顺理成章，衔接得当。

在刻画人物性格上，索福克勒斯的写作技术更是高明。《俄狄浦斯王》不像传统的史诗或其他悲剧一样以神的角色来突出人物内心的矛盾，而是用剧情的发展来完成人物性格的塑造，使一个人在命运的指引下将内心全部显露出来。描写俄狄浦斯，索福克勒斯在不同的时段以不同意思的词语乃至意思截然相反的词语来突出他内心的转变。如作品中运用"我必须统治""我必须服从""人中的豪杰""人中的糟粕"表现了俄狄浦斯由英雄沦落为"恶人"的心境转变过程，使得剧情波澜起伏，人物个性跃然纸上。在各种不同的情境下，悲剧气氛被逐步导引出来，最终走向惊心动魄的高潮，使得观众的心猛然一惊，不得不对剧中人物产生同情和怜悯。

索福克勒斯《俄狄浦斯王》的出现标志着希腊悲剧艺术走向了一个成熟的阶段，索福克勒斯本人因对悲剧文学具有巨大的贡献而被誉为"戏剧艺术的荷马"。

【图5】 〔法〕古斯塔夫·莫罗《俄狄浦斯和斯芬克斯》

俄 狄 浦 斯 的 故 事

俄狄浦斯是忒拜城国王拉伊奥斯的儿子。有个预言家告诉拉伊奥斯：他的这个儿子会杀了他。所以等俄狄浦斯刚一落地，拉伊奥斯就命令忠实的牧羊人把俄狄浦斯杀死。但牧羊人不忍心下毒手，只是刺穿了他的双脚。在希腊语中，俄狄浦斯意为"肿胀的脚"。

后来，俄狄浦斯被科林斯国王收养。俄狄浦斯长大后，听说了自己的身世，便去往特尔斐的阿波罗神庙求证。他在路上遇到了同样要去特尔斐的拉伊奥斯——由于忒拜城正遭受女妖斯芬克斯的威胁，后者希望通过神谕找到击退斯芬克斯的方法。但由于道路狭窄，只能容一人通过，所以当拉伊奥斯粗暴地命令俄狄浦斯让路时，俄狄浦斯杀死了拉伊奥斯。

来到阿波罗神庙后，阿波罗警告俄狄浦斯不要回到自己的故土，否则他会杀了自己的父亲，并和自己的母亲结婚。但俄狄浦斯以为科林斯国王是自己的亲生父亲，所以他决心远离科林斯，去了忒拜城。

在忒拜城，俄狄浦斯解开了斯芬克斯的难题（图5）：什么东西早上四条腿走路，中午两条腿走路，晚上三条腿走路？答案就是人。因为俄狄浦斯拯救了忒拜城，人们推举他做了忒拜城的国王，他还娶了新寡的皇后为妻。

十几年后，忒拜城暴发了瘟疫，神谕说，必须找出杀害忒拜国王拉伊奥斯的凶手，才能解除瘟疫。调查的结果让俄狄浦斯大吃一惊：他杀害的那位老人正是忒拜国王拉伊奥斯，也是他的生父，而妻子正是自己的生母！

得知真相的皇后自杀了，俄狄浦斯从母亲身上拔下胸针刺瞎了自己的双眼，离开了忒拜城。他漂泊四方，后来得到曾击退怪兽弥诺陶洛斯的忒修斯的保护，最终死在了众女神的圣地。

【图6】 阿里斯托芬雕像

来自雅典的"喜剧之父"

　　阿里斯托芬是古希腊三大"旧喜剧"作家之一。所谓古希腊"旧喜剧"，是古典时期的希腊喜剧，它产生于奴隶民主制发生危机的时代，常用来讽刺当时的政治和社会矛盾。公元前 5 世纪的雅典，曾先后出现克拉提诺斯、欧波利斯及阿里斯托芬这三位喜剧诗人，但只有阿里斯托芬的作品较完整地流传了下来。

　　阿里斯托芬（图 6）出生于雅典阿提卡城的库达特奈昂，是一个小土地所有者。他一生中大部分时间在雅典度过，同当时的哲学家苏格拉底、柏拉图都有交往。柏拉图在《会饮篇》里对阿里斯托芬有过评价，称他有学识文才，非常健谈。

　　相传阿里斯托芬一生共写了 40 部喜剧，获过 7 次奖，其作品流传至今的有 11 部。《阿卡奈人》是其中最重要的一部，创作于雅典和斯巴达战争开始后的第六年。它借助农民狄开俄波利斯的身份痛斥了战争的无意义与伤害性，主张各城邦团结友好。

　　在开场中，狄开俄波利斯用重金收买了一个人，让他去同斯巴达人议和。受战祸最深的阿卡奈人指责狄开俄波利斯是叛国贼，他们用石头追打他，并让军队将领拉马科斯对他做出裁决。狄开俄波利斯将拉马科斯打败后出逃到敌方的领土，和当地人做生意。在最后一幕中，拉马科斯在战场中负伤，他跛着脚再次出征（退场）。而与军队的战争意志对抗的农民狄开俄波利斯却发

15

达致富，得意扬扬。

全剧由一系列闹剧场面组成，看似荒诞可笑，实则非常严肃。作者借助拉马科斯痛苦而可怜的退场一幕，指出了战争的弊端，而以狄开俄波利斯过上幸福生活的一幕表明了自己对和平的主张。虽然《阿卡奈人》并没有起到阻止战争的作用——雅典和斯巴达的战争持续了多年，被后世称为"伯罗奔尼撒战争"——但它以喜剧的方式表达了大众的愿望，所以被视为阿里斯托芬第一部成功的喜剧。

阿里斯托芬擅长用极不严肃的语言讨论严肃的政治问题，在他创作的最为荒诞离奇的作品《鸟》中可清晰地发现他在这方面的造诣。《鸟》以离奇的形式讲述了一个荒诞的故事，它是现存的唯一以神话幻想为题材的喜剧，也是欧洲文学史上最早描写理想社会的作品。

《鸟》讲述了两个雅典人不满生活的混乱，逃至鸟的国度，和一群鸟在天地之间建立了一个理想国——"云中鹁鸪国"。在这个国家里，没有剥削，没有贫富差距，人人都是劳动者且人人平等。这部讽刺雅典城市中的寄生生活的喜剧，情节丰富多彩，反映出了阿里斯托芬丰富的想象力。全剧在梦幻气息中完成，抒情气氛浓烈，让人们仿佛看到了一个理想的乌托邦世界。《鸟》是阿里斯托芬现存最长的诗剧，被认定为旧喜剧中首屈一指的精品，也最能反映阿里斯托芬喜剧艺术方面的成就。无论从文学形式还是从内容、思想上，《鸟》都是丰富且灵动的。阿里斯托芬善于以虚构的情节、荒诞的故事讲述和现实有关的主题。此外，他的作品台词灵活生动，时常可见朴素生动的民间用语夹杂着插科打诨的粗俗话，还有优美的抒情诗歌语言。

不仅在其当代享有盛誉，在后代也大受好评。后世的喜剧和小说，特别是英国文学中表现出的政治幽默，在某种程度上都是受了阿里斯托芬的影响。因在喜剧艺术方面的探索和收获，阿里斯托芬被恩格斯称为"喜剧之父"。

【图7】　〔西班牙〕委拉斯开兹《伊索》

伊索寓言

　　除了喜剧和悲剧，古希腊还产生了一种文学体裁——寓言。寓言通常言简意赅，主角可以是人，也可以是拟人化的动植物或其他事物，主要通过充满比喻性的故事来表达意味深长的道理。

　　《伊索寓言》是古希腊寓言中最为知名的。它的作者伊索（图7）生活在公元前6世纪左右。虽然伊索是个奴隶，但脑子好使，帮主人解决了不少难题。所以主人为了报答他，让他恢复了自由身。成为自由人后，他曾在吕底亚和巴比伦的王宫待过，但不久就因为抨击权贵被杀害了。

　　早在公元前5世纪末，"伊索"这个名字就已经被古希腊人熟知了，当时的古希腊寓言都归在了他的名下，现存的《伊索寓言》原名《埃索波斯故事集成》，是后人根据拜占庭僧侣普拉努得斯搜集的寓言及以后陆续发现的古希腊寓言传抄本编订的。

古罗马的大诗人

维吉尔是古罗马最杰出的诗人，他的创作继承发展了古希腊诗歌的传统，同时开创了自己鲜明的艺术风格，对欧洲文学的发展起到了继往开来的作用。

维吉尔生于阿尔卑斯山南高卢曼图亚城附近的农村，这一带地方农业兴旺，文化发达，出现过卡图卢斯和科尔涅利乌斯、奈波斯等许多重要文人。维吉尔曾做过律师，最终因性格不合适而丢掉工作，这时他大约 26 岁。回到家乡后，他开始创作《牧歌集》及其他田园诗。

《牧歌集》共有 10 首，它通过一个牧人的独唱或者一对牧羊男女的对唱来讲述牧羊人的生活与爱情。《牧歌集》浓厚的抒情表达方式使维吉尔的创作自成风格，被视为维吉尔的成名作。除此之外，维吉尔还曾创作过一部《农事诗集》，以此配合当时的罗马帝国元首屋大维推行的复兴农业政策。

此诗深得屋大维喜欢，他连续 4 天听维吉尔朗诵此诗。据说之后他还建议维吉尔写一部歌颂罗马帝国的史诗，而这正是维吉尔后来花费 11 年创作伟大史诗《埃涅阿斯纪》的动机。

《埃涅阿斯纪》是维吉尔继《牧歌》《农事诗》之后的第三部主要作品，也是维吉尔的代表作。全诗 12 卷，约 12000 行，追述了罗马建国的光荣历史。史诗主人公埃涅阿斯是特洛伊的一位英雄，特洛伊被攻陷后，他率领众人按照神谕前往意大利建立新国家。在前往意大利的途中，埃涅阿斯一行经历了种种困难。维吉尔以埃涅阿斯旅途最后一年也就是第 7 年的历险故事为

【图8】 ［英］纳撒尼尔·丹斯－霍兰德《狄朵与埃涅阿斯相见》

主要内容，讲述了埃涅阿斯与迦太基王后狄朵的爱情故事（图8），以及他到达意大利后艰难的建国过程。

维吉尔创作《埃涅阿斯纪》的目的是叙述罗马帝国的历史，歌颂开国祖先的丰功伟绩，并歌颂屋大维本人。这部作品从开篇到完成初稿耗费了维吉尔11年的心血，可见他写作的态度之认真。然而维吉尔未来得及写完就去世了，临终前他叮嘱友人将诗稿焚毁。屋大维非常重视这部史诗，命令照原样发表，《埃涅阿斯纪》才得以流传下来，成为古罗马最伟大的一部史诗。

《埃涅阿斯纪》有明显效仿荷马史诗的痕迹。它跟荷马史诗一样同是以特洛伊战争这个神话传说为基础，讲述的也都是英雄故事，而埃涅阿斯本人就是《伊利昂纪》中的人物。此外，《埃涅阿斯纪》还采用了与荷马史诗同样的追叙手法，主人公的前6年的历险是由他本人讲述的。行文中，维吉尔也重复了"荷马式"的写作特点，多次使用比喻、对比、重复等手法。

虽然《埃涅阿斯纪》有高仿荷马史诗的"嫌疑"，但它与荷马史诗还是有些明显的不同。作者并不遵循荷马史诗的套路把英雄描写成个体意识很强、优缺点也十分鲜明的人。埃涅阿斯的身上具有真正的英雄性格，他勇敢、刚毅、公正，同时对国家和神明有着真诚的爱。在遇到选择困境时，他能选择理性，克制个人感情，敢于自我牺牲。而且，维吉尔注重刻画人物心理，特别擅长在爱情描写中突出人物的个性及悲剧的意味。

总的来说，虽然在传统的艺术创作技巧上，《埃涅阿斯纪》没有超越荷马史诗，但它整体格调有别于后者的气势磅礴，它的完成使古代史诗在人物、结构、诗歌格律等方面进一步获得了定型。此外，与荷马史诗来源于民间口头创作不同，《埃涅阿斯纪》没有人民口头文学的特点，个人创作的成分大，因此它被称为"欧洲文学史上第一部文人史诗"。

【图9】 但丁

不朽的《神曲》

意大利诗人但丁（图9）是中世纪最伟大的作家，他的创作反映了一个社会从中世纪的封建时代向资本主义时代的过渡，他的作品在欧洲文学史上具有举足轻重的地位。恩格斯赞誉他为"中世纪最后的一位诗人，同时又是新时代的第一位诗人"。

但丁从18岁开始写诗，用的是意大利语。《神曲》（图10）是但丁呕心沥血10多年著成的长篇诗作，它大概始于1307年前后，直到但丁去世前不久才脱稿。《神曲》讲述的是一个结局令人喜悦的故事，原名《喜剧》。后来，比但丁晚一代的薄伽丘在《但丁传》中给它冠以"神圣的"这一名头，表示自己对但丁的崇敬。从此以后人们效仿薄伽丘，称呼《喜剧》为"神圣的喜剧"，中译本《神曲》由此而来。

《神曲》全诗长14000多行，分为《地狱》《炼狱》《天堂》3部分，每部分33篇，加1篇序诗，共100篇。《神曲》采用中世纪文学特有的幻游形式，叙述但丁在"人生旅程的中途"即35岁时，迷失在一个黑暗的森林之中。他努力寻找出路，就在他要攀上一个山峰走出困境时，象征淫欲、强暴、贪婪的豹、狮、狼三只野兽出现了。危急之中，但丁最崇敬的古罗马诗人维吉尔来到了他的身旁。维吉尔说，他受但丁爱过的女子贝娅特丽丝的嘱托，前来帮助但丁走出迷途。

在维吉尔的引导下，但丁游历了地狱和炼狱。地狱如一个漏斗，它共有

【图10】 〔法〕古斯塔夫·多雷《神曲》插图

9层。第一层是上帝审判罪人的"大厅"，聚集了众多的罪人。往下的其余8层逐渐缩小，象征罪人生前所犯的罪孽一级比一级重，所受的刑罚越来越残酷。炼狱（又称净界）之地犹如大海上一座孤山，它也分为9级，其中山脚和山顶的乐园代表人进出的地方，其余7级才是罪人们在其中修炼洗礼的场所。罪人都是已经悔悟的灵魂，为了赎罪，他们必须按照自己犯下的七大罪过（傲慢、忌妒、愤怒、懒惰、贪财、贪食、贪色）在各级进行忏悔，直到完全洗清罪恶才可以升天。

但丁经历了炼狱后，维吉尔消失了，伴随着祥云的出现，贝娅特丽丝现身在净界山顶的乐园。贝娅特丽丝责怪但丁迷误在罪恶的森林，让他饮用了忘川水，重获新生。之后，她引导但丁游历了天堂。天堂境界庄严，光辉夺目，充满了爱和欢乐，是所有生前有德行的灵魂的归宿。但丁在天堂见到了上帝，但这一见如电光闪过，很快消失。全诗就此戛然而止。

但丁以基督教的禁欲主义和苦修思想为基础，构架了《神曲》中的三界。但他没有在作品中倡导蒙昧的宗教崇拜，而是极力地赞美人的品德和智慧，强调自由意志的重要，以此鼓励人们追求真理。他说自由意志是上帝赋予人类"最伟大的赠品"，人们"生来不是为了如走兽一样生活，而是为着追求美德和知识"。他借助代表理性的维吉尔之口，对人们说："你随我来，让人们去议论吧，要犹如那竖塔一般，任凭狂风呼啸，塔顶都永远岿然不倒。"

《神曲》是一部隐喻性、象征性极强，同时又具有鲜明的现实性和倾向性的作品。但丁在这部诗作中充分表达了自己强烈而鲜明的政治倾向，他借助自己与鬼魂的讨论，揭露了佛罗伦萨党羽之争已经到了"不可收拾的地步"这一现实。他写自己遇到了"白党"的首领法利那太，并以"崇高的灵魂"来称之，充分表现了他对法利那太的尊敬。在《炼狱》第九篇，他以愤怒的哀叹表达了自己对祖国分裂的痛心："唉，奴隶般的意大利，你是哀痛的旅程，是暴风雨中没有舵手的孤舟，你不再是各省的主妇，而是妓院！……住在你里面的那些人，他们没有一天不在互相残杀！"

第二章

由神回到人：
文艺复兴时期文学

（14 世纪中叶—16 世纪）

　　欧洲文艺复兴时期人文主义盛行，人文主义文学与当时的哲学、科学、艺术等领域一样，把"人"放在第一位，在作品中肯定人的权利、价值和尊严。

　　人文主义文学作家讴歌人的本性和欲望，对封建制度和道德及宗教禁欲主义进行抨击。他们描写现实生活，常常采用普通百姓所熟知的方言俗语进行写作。这一时期的人文主义代表作家有出生于意大利的"诗圣"彼特拉克、薄伽丘，还有法国人拉伯雷、西班牙小说家塞万提斯及英国伟大的戏剧作家莎士比亚。

【图11】 彼特拉克

"诗圣"彼特拉克

　　弗朗西斯克·彼特拉克（图11）是意大利诗人，欧洲文艺复兴时期盛行的诗歌体裁"十四行诗"的主要代表作家。他一生写了许多优美的诗篇，曾在1341年获得"桂冠诗人"的称号。他的诗歌为欧洲抒情诗的发展开辟了道路，他被后世人尊为"诗圣"。

　　最能体现彼特拉克"诗圣"造诣的作品是他的抒情诗集《歌集》。《歌集》有《圣母劳拉之生》和《圣母劳拉之死》上下两部分。《歌集》中的爱情诗透露出一种奋不顾身的理想的爱情观念，表达了彼特拉克对意中人劳拉坚贞不渝的爱恋之心。然而因现实和理想总是相违背，纵使彼特拉克甘愿奋不顾身，他最终还是无能为力——劳拉早已是一位骑士的妻子。彼特拉克将残酷的现实之中产生的复杂情绪付诸诗歌中，以自己的灵魂，用自己的语言，书写出了具有缤纷色彩的爱情絮语。《歌集》中彼特拉克从人性的角度去审视自己的感情，以写实的手法祖露自己的内心，这样的写作具有很强的艺术感染力。在描写劳拉外貌时，彼特拉克也遵循这样的写作手法，用朴实的语言将劳拉描绘成一个平易可亲的新时代女性。这样的女性形象有别于中世纪文学家笔下那种矫揉造作、高不可攀的贵族夫人，对读者更有吸引力。据说彼特拉克的爱情诗传开后，有很多读者竟然也对劳拉产生了爱慕之情（图12），以至于不辞辛苦去到彼特拉克和劳拉同在的小县城阿维农，以求目睹劳拉的丰采。

　　彼特拉克爱情诗歌中对爱与爱而不得的表达，具有真挚直白的特点，摆

【图 12】 ［意］德尔·萨托《手拿彼特拉克诗集的女士》

脱了中世纪文学那种抽象的象征写法。这样一种大胆的抒情表达，其实是对现世幸福生活的肯定，是作者摆脱宗教束缚、热爱生活的体现。在彼特拉克其他与爱情无关的诗作中，也可见他的这一生活理念。

他曾在一篇痛斥教会的诗篇里说，以前"伟大的罗马城"现在变成了"万恶的巴比伦"，"这里是数不清的悲伤，野蛮凶狠的庙堂，这里是邪教徒的寺院，引入邪途的学堂，这里是眼泪的发源地，是黑暗的监狱，是充满欺骗的场所，在这里，善良被扼杀，凶恶却在成长，这儿是人们死前的黑夜和地狱，难道上帝不将惩治你？"

《歌集》中处处可见彼特拉克个人感情的抒发，他不仅把爱情描绘成有血有肉的情感，也将他对政治、宗教、生活的看法和感受大胆地表露出来，有人称《歌集》是中世纪以来第一部展现世俗生活的佳作。彼特拉克因其作品饱含人文主义思想，被誉为"人文主义之父"，他与但丁、薄伽丘一起被称为中世纪文学史上的"三颗巨星"。然而，彼特拉克的诗歌成就不仅在于他开创了诗歌的一种表达方式，还在于他在继承"温柔的新体"诗派传统的基础上，把十四行诗体运用到了极致。《歌集》共有诗歌366首，其中十四行诗就占了317首。

所谓十四行诗，即每首诗歌仅有十四行。该诗体最初流行于意大利，其创作特点是讲究格律严谨，注重抒情。彼特拉克不是十四行诗体的首创诗人，但由于他的《歌集》中大量运用十四行诗体，所以他被视为该诗体的代表。彼特拉克成功地将十四行诗体推到臻于完美的境界，形成自己独特的风格，并发展成为"彼特拉克诗体"。这种诗体结合了十四行诗体和抒情诗的特点，语言表达贴近现实生活，这些新的特点被后来的乔叟、莎士比亚等著名文学家和诗人所模仿，对后世欧洲的诗歌形式及内容产生了很大的影响。

【图13】 〔德〕弗朗兹·夏维尔·温特哈特《十日谈》

因瘟疫而诞生的名著

　　乔万尼·薄伽丘是意大利文艺复兴运动的杰出代表，他将彼特拉克开创的意大利人文主义文学发展到一个新的高度。

　　薄伽丘自幼喜爱文学，小时候就开始阅读经典名作，并自学作诗。他的第一部作品叫作《菲洛柯洛》，属于传奇小说，也是意大利文学史上第一部惊险小说，更是欧洲较早出现的长篇小说。

　　继《菲洛柯洛》之后，薄伽丘的其他作品多以爱情为主题，且仍是取材于古希腊、古罗马诗歌、神话、传奇，有着中世纪传统和骑士文学的痕迹。不同的是，薄伽丘摆脱了俗套的英雄主义，而是以其人文主义世界观谴责禁欲主义，在作品中表达了对人世生活和幸福的追求。其中，历时5年完成的《十日谈》最能体现这种思想。

　　1348年，一场灾难性的瘟疫突然开始在佛罗伦萨横行，超过半数的居民死亡，城内十户九空。瘟疫一平息，薄伽丘即着手写作《十日谈》。他以佛罗伦萨的瘟疫为大背景，讲述瘟疫肆虐的1348年，3名男青年和7名少女在佛罗伦萨的诺维拉教堂邂逅，他们一起到乡下躲避瘟疫。在乡下的一幢别墅里，10名青年男女每天除了欣赏风景就是吃喝玩乐。他们一共住了两个星期，在其中的10天里他们每天开故事会，规定由轮流执政的"女王"或"国王"指定故事主题，每人每天讲一个故事，10人10天一共讲了100个故事，故名《十日谈》(图13)。

《十日谈》里的故事主题广泛，涉及教会、神学、爱情、人性等。薄伽丘以足够宽的视野从历史事件、中世纪传说和东方民间故事中取材，把《七哲人书》《一千零一夜》等经典作品中的故事移植到意大利，以人文主义思想对它们加工改造。通过这些故事，薄伽丘将僧侣们奢侈骄纵、放荡虚伪、丑陋无耻的生活暴露在阳光下，以此揭露封建贵族的罪恶，抨击亵渎圣明的天主教会和宗教神学。

薄伽丘在《十日谈》中对教会、僧侣的抨击广泛地反映了 14 世纪意大利的社会现实，而且他的抨击是深刻的。他通过描写教会的腐败表象，毫不留情地将矛头指向导致这种腐败产生的教廷和宗教教义。他指出，反人性的虚伪教规是教会腐化和教士荒淫的根源，这也是平民阶级不再相信神权神威的原因。

一方面，薄伽丘通过塑造反面形象批判贵族和教会的罪恶，另一方面，也通过塑造正面形象赞美美德和智慧，倡导人们遵循本性，追求幸福生活和爱情。《十日谈》有不少讲述爱情的故事，作者以生动有趣的语言描写青年男女的美好恋情，宣扬爱情是所有自然力量中"最不受约束和阻拦"的一种力量，以此抨击中世纪鼓吹爱情是罪孽的荒谬理论。这种人文主义思想在第一天故事结束后的收尾曲中有明显的表达，少女艾米莉娅唱道："我如此美丽，以至我爱上了我自己。我对自己忠贞不渝，一心一意，没有别的感情能把我困扰。我对镜子照，看到镜中的自己赏心悦目，我欣喜不已。我知道无论新的感受和旧的回忆，都夺不去这份惬意。"

《十日谈》虽然是一部故事合集，但它绝不是普通的"故事会"。在文学特色上，它以多个故事为框架组成一个有机整体的写作形式是欧洲文学史上的创新，为后来的短篇小说创作开创了一个新模式。薄伽丘以其丰富的生活知识为基底，用出色的艺术概括力和写作功力，向世人描绘了当时的生活万象。这部作品塑造了国王、骑士、僧侣、商人、艺术家、学者、农民等不同阶层的不同人物，借助他们的故事抒发了薄伽丘的人文主义和自由思想。

《十日谈》被意大利文学界认为是与但丁的《神曲》相媲美的作品，人们因此又称它为"人曲"。

平民笔下的"巨人"

　　《巨人传》(图 14)是法国人文主义文学"平民派"作家弗朗索瓦·拉伯雷的代表作品，同时是法国第一部长篇小说。

　　拉伯雷大约出生于 15 世纪 90 年代，是一个博学多识的作家，他通晓拉丁文、希腊文、希伯来文，在天文、法律、地理、数学、哲学、植物、考古、音乐等学科都进行过深入的研究。他尤其精通医学，是法国最早研究解剖学的医生之一。据说他在治病的时候除了会用医药减轻病人的痛苦，还会写故事供他们消遣，而这就是他踏上文学道路的开始。

　　《巨人传》出版的时候，为了免遭文字祸，拉伯雷打乱自己姓名中的所有字母，将它们重新组合，最后以"阿尔戈弗里巴斯·纳齐埃"为自己的作品署名。作品一问世就大受好评，但因它有锋芒的思想和大胆的讽刺夸张，从而触怒了宗教势力，出版不久就遭到了封杀。拉伯雷不惧强权，两年后他又将自己完成的《庞大固埃的父亲：巨人高康大骇人听闻的传记》出版。作品同样引起了强烈的反响，然而也经历了几乎同前部一样的坎坷命运。

　　拉伯雷先后出版的这两部作品，后来分别成了《巨人传》的第二部和第一部。在这之后，拉伯雷出访了意大利，亲身感受到了文艺复兴的时代气息。就在他从意大利返回法国不久，反动的天主教就公开镇压代表进步势力的法国文艺复兴运动，有着明显的人文主义倾向的拉伯雷因此遭受牵连。他的后半生几乎是在躲避政治风险中度过，但一切灾难困苦都未曾磨灭他抗争的勇

【图14】　［法］古斯塔夫·多雷《巨人传》插图

气。他反而把更多的精力投入到了文学创作中，并相继完成了《巨人传》的第三部和第四、第五部。出版第三部的时候，拉伯雷毫不畏惧地署上了自己的真实姓名。而第五部是在拉伯雷去世两年后才被整理出版的。

《巨人传》的问世为何经历了重重困难？这跟它的写作宗旨有关。拉伯雷以讽刺、夸张的基调和妙趣横生的语言讲述了荒诞不经的故事，然而他的目的并不在于令读者捧腹一笑而过，而是通过人物浮夸的言行举止歌颂新兴资产阶级"巨人"般的力量，以此达到反封建、反教会的表达目的。拉伯雷在《巨人传》的前言中就说明了自己的这一目的，他把自己的书比喻为药，叮嘱读者要认真阅读其中的内容。他说，《巨人传》囊括了宗教、政治、经济、生活等内容，处处可见"极其高深的神圣哲理和惊人的奥妙"，读完后读者会变得更聪明。事实证明，拉伯雷确实做到了。

事实上，拉伯雷笔下的巨人都被塑造成这么一种形象：他们躯体高大、食量惊人且能够纵情享乐。书中的两位主人公被命名为"高康大"和"庞大固埃"，都与酒有关，因为"酒"在古希腊文中的意思与"力量"或"美德"接近，这样做是为了说明代表进步的巨人是有美德和力量的。后来的法国作家阿纳托尔·法朗士也曾对拉伯雷对主人公的命名做出解释，他说拉伯雷是在以巨人的名字暗示人们"到知识的源泉那里……研究人类和宇宙，物质世界和精神世界的规律……畅饮真理，畅饮知识，畅饮爱情"。

这两个巨人不仅躯体巨大，精神也无比崇高。借助这一高大的巨人形象，拉伯雷在文中寄托了他超前、大胆的人文主义思想。《巨人传》的结构因故事框架过于庞大而显得有些混乱松散，但它仍具有一个明确的主旨："使人的灵魂充满真理、知识和学问。"它囊括的知识非常丰富，涉及生物、哲学、医学、天文、地理、气象、社会科学等方面。这不仅充分体现了拉伯雷的知识渊博，还说明了他掌控故事情节的能力很高。此外，《巨人传》通篇运用幽默夸张，以及辛辣讽刺的手法。这种嬉笑怒骂的写作手法开创了通俗小说形式的先河，影响了后世浪漫主义作家和现实主义作家。从卡夫卡、卡尔维诺的作品中，仍然可以轻易地看见《巨人传》的影响。

【图15】 堂吉诃德壁画

永远的《堂吉诃德》

　　《堂吉诃德》是欧洲最早的长篇现实主义小说之一，也是欧洲文学史上具有划时代意义的讽刺杰作。

　　《堂吉诃德》的作者是西班牙文艺复兴时期的代表作家米盖尔·德·塞万提斯·萨阿维德拉。塞万提斯自幼跟随行医的父亲过着动荡的生活，成年后曾参加西班牙对土耳其的勒邦多海战，在作战中受伤，回国途中又遭海盗绑架，被掳去服苦役 5 年。动荡而丰富的生活经历为塞万提斯的文学创作铺垫了厚实的基础，回到西班牙后他就开始了文学创作。因生活所迫，他之后当过军需采购员和税吏，并由此得以接触各行各业的各种人物。但因得罪权贵，他在本国再度入狱，且经历了数次的折腾，这又使得他对现实的黑暗和人民的痛苦有了更清楚的了解，也激起了他创作一部具有社会价值的作品的心思。

　　《堂吉诃德》就是塞万提斯在狱中的时候酝酿成熟的。当时的西班牙文学突然风行起早已销声匿迹于西欧文坛的骑士传奇，塞万提斯对此十分厌恶，他觉得有必要写作一部"把骑士文学地盘完全摧毁"的作品，将西班牙从封建主义的枷锁里解放出来。于是，以"把骑士小说的那一套扫除干净"为目的的《堂吉诃德》诞生了。

　　《堂吉诃德》塑造了一个具有两重性格的人物——堂吉诃德（图 15）。堂吉诃德既是可笑的愚痴的疯癫英雄，又是一个坚贞的理想主义者的化身。他对骑士文化疯狂盲目的崇拜是致使他神志不清的主要原因，但另一方面，他又充满正义感，具有无畏、勇敢的精神，对道德和爱情有着忠贞的坚守。这么一个矛盾性鲜明的人注定只能以悲剧收场，因为当他的正面性格达到极致时，他的负面性格也会发挥到极致，造成重大的灾难。

通过塑造堂吉诃德这么一个让人又爱又恨的人物，并让他以懊悔来结束人生，塞万提斯表达了骑士文化已经不复存在这一观点。这样的写作，初衷本是为了如他所说的要将文学及人们从骑士文化中拯救出来，然而，《堂吉诃德》问世后产生的反响远远超过了他原先设定的社会意义。人们从堂吉诃德的身上看到了他对弱小人群的同情，对社会丑恶势力的反抗。虽然这种同情和反抗来自于他对骑士文化的痴迷和模仿，但它们同样是人类最美好崇高的思想感情的表现。堂吉诃德所说的很多疯癫言论，无论是有关生命、自由、人，还是有关道德的，都体现了他有着一种相信人类明天会更美好的坚定信念。这种信念是塞万提斯在无意中赋予堂吉诃德的深沉含义，也是这部作品几个世纪以来深受读者欢迎的魅力所在。

在文学特色上，《堂吉诃德》的创作综合了西班牙传统文学和拉丁文古典小说、英雄史诗、田园小说、传奇小说、流浪汉小说及骑士小说的一些特点，然而它杂而不乱，而是通过条理清晰的框架和全面的记叙，将当时社会各阶层的现实生活生动地展示出来，逼真地再现了上至贵族绅士下至普通百姓的生活面貌。书中出现了众多的人物职业和身份，有贵族、地主、商人、僧侣、农民、牧羊人、演员、士兵、强盗、囚犯、艺人、妓女等，而《堂吉诃德》以时实时虚的手法，将人物的故事以一种客观的态度展现出来，让读者自己去思考真伪。这是一种全新的写作手法，它模糊了文学虚构与现实的界限，以宽阔而丰满的角度反映时代。这一写法对近代小说的创作和发展产生了巨大的影响。

德国著名诗人海涅赞誉塞万提斯是叙事方面的高手，称他在叙事创作方面"达到了登峰造极的地步"，与戏剧方面的莎士比亚、抒情方面的歌德相并列。《堂吉诃德》因其宽阔的创作视野、深邃的人文哲学思想，成了一部伟大的现实主义文学名著，它又被人称为一部"行将灭亡的骑士阶级的史诗"。

【图16】　决斗的骑士

骑士与骑士文学

骑士（图16）是中世纪封建制度的产物。骑士是受封于大封建主的小封建主，是前者的封建武装。在历史演进中，骑士这一群体逐渐形成了自己的一整套道德标准和信条。骑士的信条是"忠君、护教、行侠"。他们把个人荣誉看得高于一切，要求自己的行为举止"文雅知礼"，还特别注重爱情在他们生活中的地位，愿意为了他们的主人和"心爱的贵妇人"去冒险和效劳，并从中获得功名。由于骑士出身于封建阶级下层，与史诗和谣曲接触较多，很自然地，他们之中产生了一些诗人和歌手，形成了中世纪特有的骑士文学。

骑士文学主要以骑士抒情诗和骑士传奇为主。骑士抒情诗最早出现于法国南部的普罗旺斯，而法国也是中世纪骑士文学发展最盛的国家。骑士文学的形式有短歌、感兴诗、牧歌、小夜曲、破晓歌等，其中以"破晓歌"最为著名。

【图 17】 莎士比亚雕像

莎士比亚和他的悲情王子

　　威廉·莎士比亚（图 17）出生于英国斯特拉特福镇一个富裕的家庭，在幼年时就接触了戏剧，来自伦敦的著名剧团每年都会到他的家乡作巡回表演，这使他对戏剧产生了爱好。

　　莎士比亚的文学创作道路，按其作品的思想和艺术特色，可分为 3 个阶段。从接触编剧工作的 1590 年到 1600 年间，是其创作的第一阶段，被称为历史剧、喜剧和诗歌创作时期。在这 10 年间，莎士比亚写出了 9 部历史剧、10 部喜剧，包括《威尼斯商人》《仲夏夜之梦》《皆大欢喜》《第十二夜》四大喜剧在内，以及《罗密欧与朱丽叶》等 3 部悲剧及多篇诗歌。

　　第一阶段的创作期正值文艺复兴运动席卷整个英国，伊丽莎白女王统治进入鼎盛时期，英格兰人民对生活充满了热情和信心。受大环境的影响，莎士比亚的作品格调也都是乐观向上的。他以历史剧反映时代的变迁，表明自己对开明君主制的推崇，对女王的拥护，以及对国家、民族统一的向往。他的喜剧和诗歌则大多讴歌青年男女大胆冲破封建羁绊的英勇精神，极力宣扬人文主义的生活理想。

　　虽说莎士比亚初期的创作格调是乐观明朗的，但他同时期的 3 部悲剧作品也表露出了一种忧思。这种忧思反映了人文主义理想与现实的冲突和矛盾，以及两者碰撞给人们带来的痛苦。如《罗密欧与朱丽叶》中，两大家族世仇的和解要以主人公的死来换得，虽说结局是爱情理想战胜了封建痼疾，但仍是让人纠结。而正是这种忧虑，促成了莎士比亚以悲剧为主的第二个创作阶段。

从 1601 年到 1607 年的这 7 年，是莎士比亚创作的第二阶段。这一阶段，他共写了 7 部悲剧和 4 部喜剧，因此被称为悲剧时期。他的四大悲剧《哈姆雷特》《奥赛罗》《李尔王》《麦克白》就是在这一时期创作出来的。

以悲剧为主的第二个创作阶段是莎士比亚创作的高峰期。他通过悲剧，对当时英国社会生活和矛盾进行了无情的揭露和批判。他把悲剧主人公放到尖锐的冲突和斗争中，赋予他们鲜明的性格特征，这使得悲剧的感染力更为强大，对世人的警醒作用也更显著。在这一时期，由于思想深度和写作水平的提升，莎士比亚的喜剧也透露出一种阴暗的悲剧气息，如《特洛伊罗斯与克瑞西达》(也被划分为悲剧)、《终成眷属》和《一报还一报》这 3 部喜剧，因笼罩着黑暗人性带来的罪恶阴影，它们被称为"问题剧"或"阴暗的喜剧"。

1608 年到 1612 年间是莎士比亚创作的第三阶段，这时期他以写传奇剧为主，共写了包括《暴风雨》在内的 4 部传奇剧和 1 部历史剧《亨利八世》。他的传奇剧多以悲剧情节来展开故事，最后以欢喜的结局来收场。这一时期的作品基调没有了此前犀利的批判气质，而是带有清丽、高远、纯洁的意境。莎士比亚以传奇方式描绘人世间的悲欢离合，最后让人们收获从悲到喜的幸福，这样的安排并非毫无缘由，而是来源于他对社会现实有了充分的理解和宽容。这一阶段的作品表现出来的童话般的美好幸福，是莎士比亚理想中的未来世界应有的样子。

莎士比亚一生共创作了 38 部剧本、154 首十四行诗、2 首长叙事诗和一些其他诗作，他被视为人文主义文学的集大成者（图 18）。他不仅是文艺复兴时期欧洲文学最杰出的代表作家，也是西方文艺史上乃至全世界最伟大的作家之一。

《哈姆雷特》是莎士比亚在写作高峰期出产的四大悲剧之一，也是他最具代表性的作品。莎士比亚创作该剧的时期，正值文艺复兴运动使欧洲进入了人"过于觉醒"的时代。在这一时代，人既是解放进步的，也是自私混乱的，

【图 18】　《莎士比亚戏剧故事集》原版封面

于是社会上也出现了各种极端利己的罪恶现象。《哈姆雷特》正是他对此的忧思表现。

哈姆雷特是一个人文主义理想者的化身，他念过大学，接受过人文主义思想的熏陶。在噩梦开始之前，哈姆雷特眼中的世界是纯洁美好的，他赞美大地，歌颂自然，更视人为万物中的杰作。

莎士比亚把哈姆雷特塑造成"曾经"是一个乐观的人文主义青年形象，这是他对自己的暗喻。然而，莎士比亚没有让哈姆雷特沉醉在美好的幻想中，而是在开篇就击碎了他的梦想。面对无耻残暴的现实，他的世界观产生了颠覆性的改变。这也意味着他的人文主义理想和信念被现实击碎成灰，他成了精神的流浪儿。

借助哈姆雷特这一形象的塑造，莎士比亚将有关对人的生存、理想、死亡、灵魂的思考，以及人与社会、与他人的斗争关系都搬到了舞台上。对哈姆雷特来说，杀死克劳狄斯并非简简单单的一件事，而是关乎人性、自我救赎、国家的前途命运、自身的生死存亡等方方面面的大事。理想与现实的各种矛盾在他身上演变为犹豫这一特征，使得哈姆雷特成了文学史上所说的"延宕的王子"。他身上所表现出来的这种气质和性格，以及他本人对复杂人性、悖谬人生的探讨思想，也成了近代以来欧洲文学创作的基本指向。

在艺术成就上，《哈姆雷特》中人物心灵的表白是最突出的写作特点，莎士比亚将这一艺术形式运用到极致，历来受人称道。可以说，作品中几乎所有对生死、爱恨、理想、人性的思考和探讨都是以人物独白的方式表现出来的。这种独白不仅有效地刻画了人物性格，而且更富有哲理性和艺术感染力，因此其中的许多言论被人们反复吟诵。

《哈姆雷特》另一个突出的艺术成就是同时运用了现实主义和浪漫主义的创作手法。一方面，它取材于丹麦历史，描写的宫廷生活、争斗及各种场景和画面都与当时的社会现实贴近，这就加强了读者的艺术感受力。另一方面，莎士比亚又在剧中安排了诸如"戏中戏"、亡灵、半夜城堡、荒坟之境等充满浪漫、魔幻气息的情节，使戏剧动人心弦，引人入胜。这也是这部悲剧一直以来具有迷人魅力的原因所在。

乔叟和《坎特伯雷故事集》

莎士比亚是文艺复兴时代的文学巨人，因为他，英国成为文艺复兴时期文学的巅峰。但早在莎士比亚出生前的 14 世纪，英国文学就已经取得了不小的成绩。这里面，功劳最大的要数有"英国诗歌之父"之称的乔叟。

乔叟本是个葡萄酒商的儿子，从牛津大学毕业后，进入官廷做了皇家侍从，还曾当过外交官和军人。工作之余，他热爱读但丁、薄伽丘及彼特拉克等人的诗文小说，并模仿《十日谈》，创作了一部《坎特伯雷故事集》。这本书虽然讲的是故事，但写作方式却是诗歌。

《坎特伯雷故事集》讲的是在伦敦泰晤士河边的小旅馆里，聚集了 30 个男女，他们都是打算前往坎特伯雷大教堂的教徒。因为到坎特伯雷大教堂还有一段很长的路要走。为了打发时间，店主提议每个人讲两个故事，讲得好的话，他就提供一顿免费的美餐。

本来按乔叟的计划，是要写 60 个故事的，可谁知只写了 24 个，乔叟就撒手人寰。但因为故事讲得幽默风趣，人们把他看成是英国近代诗歌的开创者。后来一大批英国文学家，如斯宾塞、莎士比亚、狄更斯等，都受到了他的影响。

第三章

在理性中复古：古典主义文学

（17世纪）

　　17世纪文学主要包括古典主义文学、巴洛克文学和清教徒文学，其中又以古典主义文学为主。这一文学思潮在欧洲流行了两个世纪，直到19世纪初浪漫主义文艺兴起才结束。古典主义文学的代表作家有高乃依、让·拉辛及莫里哀，他们的作品大多写贵族世家的恩怨情仇，具有古典文学的味道。这几位代表作家，又以莫里哀最具代表性，他写作的《伪君子》成就也最大。

【图 19】 高乃依雕像

古典主义悲剧创始人高乃依

　　古典主义是 17 世纪欧洲文学的主要特征，起源于在政治上施行中央集权君主专制的法国。法国哲学家勒内·笛卡尔主张人应以人的理性为主、反对宗教权威的唯理主义。在此基础上，他提出了"理性是获得真理、明辨是非的途径"的主张，并倡导人们用意志来控制感情。文学作家们从笛卡尔的这一思想理论出发，创造了一系列宣扬意志的作品。这些作品以古希腊、古罗马文学为典范，无论是在文艺理论还是创作实践上都有复古倾向，所以被称为古典主义文学。

　　古典主义文学以法国成就最大，而法国的古典主义作家中又以高乃依在悲剧上取得的成就最为卓著。

　　高乃依（图 19）是 17 世纪上半叶法国古典主义悲剧的代表作家，出生于法国诺曼底省的鲁昂。鲁昂是法国戏剧的中心，受环境氛围的影响，高乃依从小便对戏剧产生了兴趣，并在 23 岁时开始了戏剧创作。高乃依的第一部作品是喜剧《梅利特》，该剧虽然并非卓越之作，但因贴近生活且后来又被当时著名的戏剧演员蒙多里搬到舞台上，成为高乃依的成名作。在之后的五六年里，高乃依又先后写出了 3 部喜剧、3 部悲喜剧和第一部悲剧《梅德》。

　　《梅德》改编自古罗马作家塞涅卡的同名悲剧，虽说作品的整体成就不理想，但相对于高乃依所创作的喜剧，它更为成功。也因此，他被当时的法国宰相黎塞留相中，邀请到一个 5 人组成的喜剧创作班子中。高乃依本可以在黎塞留的戏剧班子里拿丰厚的薪水，但他不喜欢为人捉刀代笔，最终退出了这个班子。第二年，高乃依将自己的第二部悲剧《熙德》搬到了舞台上，轰动了巴黎。

《熙德》最精彩的艺术特色是对人物内心的冲突进行了生动的描绘，高乃依经常借助人物的身份直接道出处在冲突中的痛苦。主人公罗狄克的内心冲突有一段精彩的独白："要成全爱情，就得牺牲我的荣誉；要为父亲报仇，就必须放弃我的爱人。一方面是高尚而无情的责任意识，一方面是我那可爱而专横的爱情！复仇会引起她怨恨我，不复仇她或许会蔑视我。复仇会使我失去我最亲爱的姑娘，不复仇那我就不配爱她。"

《熙德》将男女主人公投入到为人子女的责任与个人感情的剧烈冲突之中，并在全剧中表现出理性胜于感情的这一思想观念，这不仅应对了笛卡尔的唯理主义，也是古典主义文学推崇理性精神的写照。《熙德》是第一部表现出古典主义的戏剧，因此高乃依也被称为法国古典主义戏剧的奠基人。

高乃依一生共写过 32 个剧本，自《熙德》之后较为重要和相对成功的有《贺拉斯》《西拿》《波里厄特》3 部。这 3 部作品在风格上仍带有明显的古典主义倾向，情节正如高乃依所主张的一样，用"著名的、非同寻常的、严峻的情节"展开故事。语言上，高乃依的戏剧也都符合古典主义文学开创者弗朗索瓦·德·马莱布所要求的特征：准确、明晰、和谐、庄重。他作品中的人物语言总是雄辩严谨，充满激情，讲究韵律和庄重感，甚至到了夸张的程度。

巴洛克文学

巴洛克文学是 17 世纪的欧洲文学形式之一，虽然没有古典主义文学盛行，但同样在世界范围内具有一定的影响。

巴洛克文学起源于意大利。诗人贾姆巴蒂斯塔·马里诺写了一篇长诗《阿多尼斯》，讲述爱神维纳斯和美少年阿多尼斯的爱情纠葛。这篇诗作穿插了许多华丽优美的句子，犹如化了一个浓妆。这个写作手法后来被各国诗人群起效仿，以至于"马里诺诗体"成为一时的潮流。

"马里诺诗体"盛行后，人们联想到西班牙（或葡萄牙）"巴洛克"一词。这个词语本用来形容一种形状不规则的珍珠，后被用来指建筑艺术中的华丽浮夸的特点。"马里诺诗体"的特征与建筑学中的"巴洛克"风格有着相同的艺术特色，即在表象上都追求给人以富丽堂皇、精雕细琢的高贵质感，于是人们将具有"马里诺诗体"特色的文学称为"巴洛克文学"。

因"巴洛克"风格来源于西班牙，所以西班牙也算是巴洛克文学的发源地之一。西班牙的巴洛克文学代表作家有诗人贡戈拉·伊·阿尔戈特、著名戏剧家佩特罗·卡尔德隆。

让·拉辛的"人生注定是悲剧"

让·拉辛是法国古典主义悲剧的后起之秀，与高乃依和莫里哀合称为 17 世纪最伟大的 3 位法国剧作家。让·拉辛最重要的作品发表在 1667 年到 1677 年的 10 年间。1667 年，他的悲剧《昂朵马格》（又名《安德洛玛克》）上演，反响强烈。

《昂朵马格》通过讲述一个孤苦寡妇保全儿子的故事，谴责了那些为了满足个人情欲而不顾国家利益和自我责任的贵族阶级和当权者，赞颂了以昂朵马格为代表的富有智慧和理性的人。

《昂朵马格》获得成功后，让·拉辛于同年紧接着写出了《费得尔》（图 20）。《费得尔》和《昂朵马格》同是以女人作为主角，而且都表现了让·拉辛刻画女性心理和思想发展过程的一流功力。

此外，让·拉辛还将古典主义的"三一律"运用到了出神入化的地步。所谓"三一律"，是指剧情紧凑、结构单一的写作手法。用法国古典主义戏剧理论家布瓦洛的话说，就是"要用一地、一天内完成的一个故事从开头直到结尾维持着舞台充实"。在让·拉辛的剧本中，基本没有多余的场面和插曲，他的故事总是在矛盾一触即发的状态下开始，然后以紧凑而不乱的声势发展。

让·拉辛的这种写作方式与高乃依不同，高乃依习惯给英雄人物制造人性障碍，以此显现出悲剧效果。而让·拉辛的写作惯于突出人本来就是有缺点的和丑陋的，所以他写的悲剧是"注定的悲剧"。这样一种表达，其实是沿

【图20】　［法］亚历山大·卡巴内尔《费得尔》

袭了古希腊悲剧的命运观念，也就是主张人是由命运主宰的，而人生注定是
悲剧。从这点来说，让·拉辛作品的悲剧韵味比高乃依的更胜一筹。

　　除了悲剧，让·拉辛还写有喜剧和诗歌。他的喜剧作品《讼棍》及诗作
《心灵雅歌》至今广为流传，为读者所喜爱。

【图21】 ［法］多米尼克·安格尔《莫里哀与路易十四共进晚餐》

制造《伪君子》的人

莫里哀是法国 17 世纪古典主义文学最重要的作家，也是古典主义喜剧的开山鼻祖。他的古典主义喜剧成就超过了古典主义悲剧，这使他成为法国古典主义最杰出的代表。

莫里哀原名叫让·巴蒂斯特·波克兰，莫里哀是笔名。20 岁出头时，莫里哀与朋友组织了一个名为"光耀剧团"的新剧团，剧团演出失败后，他又参加了另一个剧团，并开始了流浪式的巡回演出。

1658 年莫里哀带团去到首都巴黎，应国王路易十四的邀请，他们在卢浮宫进行了一次演出（图 21）。因为受到路易十四的赏识，莫里哀从此便在巴黎定居下来。此后他进入了创作的高产期。从 1659 年起直到 1663 年，莫里哀写了闹剧《多情的医生》、喜剧《可笑的女才子》，还有 5 幕诗体剧《太太学堂》。

《太太学堂》是莫里哀的第一部大型喜剧，被后世誉为法国古典主义喜剧的开山之作。这部剧继承了人文主义文学的特色，抨击封建传统，主张人性自由，以荒诞的喜剧效果来批判现实，开创了古典主义喜剧的创作模式。《太太学堂》演出后，获得了超乎意料的成功，这使得莫里哀遭受了教会及封建卫道者的攻击。但莫里哀在路易十四的支持和授意下，接着写出了《〈太太学堂〉的批评》和《凡尔赛宫即兴》两部具有挑战意味的剧作，对他的敌人进行了有力的回击。在这之后，莫里哀的喜剧创作进入了全盛时期即第三阶段，且表现出了与封建贵族势力更勇猛的斗争精神。

《伪君子》是莫里哀最具代表性的一部 5 幕诗体喜剧，又译为《达尔杜弗》或者《骗子》，它是法国剧院上演场次最多的剧目，在 17 世纪上演了约 200 场，在 18 世纪上演了约 900 场，在 19 世纪上演了 1100 多场。

通过达尔杜弗这一骗子形象，《伪君子》深刻地揭露了教会势力的虚伪和危害性。莫里哀创作这部剧的意图与当时法国社会存在的腐败的宗教现象有关。当时天主教是法国反动势力的代表，很多贵族加入该教，然后打着宗教慈善事业的幌子，派恶人混迹于善良、进步人士之中，以期陷害他们。达尔杜弗正是这些恶人的代表，他口头上宣扬"苦行主义"，当众施舍钱财给穷人，在奥尔恭家假装成一个虔诚仁慈的圣徒，实际上他却是一个好色贪婪、无耻歹毒的骗子。

由于剧本切中时弊，触到了反动势力和教会的痛处，《伪君子》的上演经历了艰难的斗争。第一次上演后，它就遭到了巴黎大主教的亲自阻挠。路易十四也无可奈何，只好勒令该剧停止演出。之后，它又经历了多次被禁的曲折，最终在 1669 年法国"教会和平"谕令颁布后才得以重新正式面向观众。

《伪君子》不仅在思想主旨上代表了莫里哀的最高成就，在艺术上，它同样体现了莫里哀精湛超强的古典主义喜剧写作能力。它严格遵守古典主义的创作原则，将故事情节安排得严谨而紧凑，使人物关系的冲突分外鲜明。此外，莫里哀写作过程中极为注重言语的简练，他在主人公达尔杜弗的戏份上虽然花的笔墨不多，却以精炼独到的语言描绘出了人物鲜明的性格。达尔杜弗的许多"真知灼见"都是短小精悍式的语句，这样的语言所达到的效果，正如莫里哀所说："从头到尾，每一句话，每一件事，都是在为观众刻画一个恶人的性格。"

另外，在喜剧中加入悲剧情节也是《伪君子》的创新特色之一。这种异常丰富的喜剧写作手法，配以古典主义文学的传统特点，使得《伪君子》成了经典讽刺喜剧。

【图 22】　《穿靴子的猫》书影

夏尔·贝洛

　　在 17 世纪的法国文坛，夏尔·贝洛也是一个响当当的人物，他是一种全新的文学派别——童话的奠基者，被誉为"法国儿童文学之父"。

　　他创作的童话集《鹅妈妈的故事》收录了很多脍炙人口的童话故事，如《灰姑娘》、《小红帽》、《林中睡美人》、《蓝胡子》、《穿靴子的猫》（图 22）等。这些故事虽然大多来自法国和欧洲的民间传说，但贝洛并不满足于简单的收集整理，而是在保留民间文学特有的对比鲜明、极富幽默感的生动情节的同时，对人物形象和生活图景的描写进行补充、丰富，使其文学色彩更加浓厚、情节更加曲折，从而更具艺术魅力。

弥尔顿和《失乐园》

约翰·弥尔顿是英国诗人、政论家、民主斗士，清教徒文学的代表，他的代表作《失乐园》与《荷马史诗》《神曲》并称为西方三大诗歌。

约翰·弥尔顿出生于伦敦一个富裕的公证人家庭，他的父亲是一名爱好文学的清教徒。受父亲的影响，弥尔顿从小喜爱文学。从剑桥大学获得基督学硕士学位后，他目睹了当时国教日趋反动，不愿与腐败的英国教会同流合污，于是在父亲的别墅里闭门苦读。而后他又到欧洲文化中心意大利旅行，进一步增长了自己的见识。

在意大利，弥尔顿见到了为坚持真理而被天主教会囚禁的伽利略。他被伽利略的精神感动，更坚定了自己的政治立场。当他听说英国革命即将爆发后，便中止旅行，回国投身到革命运动中。从 1641 年到 1652 年，弥尔顿站在革命的清教徒一边，以笔为剑，写下了《论出版自由》《论国王和官吏的职权》《为英国人民声辩》等革命文章。1652 年，弥尔顿因劳累过度，双目失明。1660 年，英国斯图亚特封建王朝复辟，革命人士遭到报复迫害，弥尔顿被捕入狱。后迫于欧洲舆论的反对，英国政府只好释放弥尔顿。出狱后，弥尔顿专心写诗，以口授方式完成了他的三大诗作：《失乐园》《复乐园》和《力士参孙》。

《失乐园》是弥尔顿的代表作，完成于 1667 年。这部宏大的史诗取材于《圣经》，共有一万多行。《失乐园》的故事有两条主线。一条是撒旦与天神作对，作战失败后被赶出天上乐园，这一故事出自《新约·启示录》。另一条是亚当、夏娃违犯禁令，偷尝禁果，被驱逐出伊甸园，这一故事出自《旧约·创世纪》。

无论是描写撒旦还是亚当、夏娃，《失乐园》里都表现出了对英勇刚毅、敢于自我承担的人的赞美，对自由意志的主张。撒旦在被驱逐出天上乐园后说，"不屈的意志，热切的复仇心，不灭的憎恨，以及永不屈服、永不退让的勇气"是永远不可丢的。而亚当在得知夏娃闯下偷吃禁果的大祸后，也同样做出了具有自由意志的选择，他同吃禁果，与夏娃共患难。

在艺术特点上，《失乐园》的雄浑风格让整部诗充满了艺术魅力。作品中处处有让人震撼的宏伟图景，场面浩大壮观，语句长短交接，富有跌宕生动的艺术魅力。

弥尔顿在《失乐园》之后创作的《复乐园》和《力士参孙》同样反映了现实问题，诗作中表达了诗人对复辟时期现实的不满，以及对清教徒精神的赞颂。弥尔顿的诗歌继承了《荷马史诗》的优秀传统，同时又吸取了中世纪文学的象征和寓意手法，这种创作手法为 19 世纪新型史诗和诗体小说的发展做了铺垫。

第四章

寻找光明：启蒙文学

（18世纪）

18世纪，在整个欧洲产生了被称为"启蒙运动"的思想文化革命运动，这一时期的文学也因此被称为"启蒙文学"。启蒙文学比文艺复兴时期的人文主义文学更具有批判性，作家们在作品中表现出的政治参与性和革命性更浓烈。他们笔下的主人公大多是平民，多数还被塑造成英雄。

启蒙运动中的启蒙文学

17、18 世纪的欧洲发生了一场反封建、反教会的资产阶级思想文化解放运动，它被称为"启蒙运动"。启蒙运动的发源地和主要阵地是法国。在法语中，"启蒙"的本意是光明，启蒙运动的主旨也是引导人们运用理性和智慧走向光明。具有启蒙思想的作家著书立说，使得当时的欧洲文学出现了"启蒙"这一特征。到了 18 世纪，启蒙文学盛行于欧洲。

启蒙文学并非一种具有鲜明特征的文学流派，它不像浪漫主义文学或古典主义文学那样，具有可用来定义的写作特点。启蒙文学主要是从作品的思想表达和所起到的作用上定义，可以说，凡是表露出要"启蒙"读者这一目的的文学作品都可划归为启蒙文学。

虽然启蒙文学在写作风格和手法、形式上无章可循，但从整体来看，它还是具有某些明显的特性，如倾向性、教诲性、民主性。这三个"启蒙特性"是建立在启蒙文学主张"理性崇拜"这一基础上的，所谓"理性崇拜"，即指出人要具有理性思维，用合乎自然法则的行动去改造社会或者改变自身的处境。

18 世纪的英国现实主义小说充分体现了"理性崇拜"这一思想主张，并在作品中表现出明显的启蒙三特性。在丹尼尔·笛福的《鲁滨孙漂流记》中，鲁滨孙孤身一人在荒岛中度过了 28 个年头。如果他在困难面前感情用事，沉湎于自怜自哀中，而不是寻找生存的方法，那《鲁滨孙漂流记》就不会是我们今天所看到的样子。他之所以能够在绝望中活下来，正是有赖于他顽强的精神，而这种精神的产生无疑是因为他具有彻悟生命之后的智慧和理智。

启蒙文学作品很多都表现出作者具有参加现实斗争的革命倾向，有些作品的主人公甚至很明显地在为作家代言，代替作家发表对社会现实的有关看法和意见。如法国作家孟德斯鸠的《波斯人信札》、英国作家斯威夫特的《格列佛游记》及德国剧作家席勒的某些戏剧都具有这一倾向。

在艺术特征上，受 17 世纪古典主义文学的影响，启蒙文学作家在初期还借用过古典主义的形式进行创作，后来他们逐渐摆脱古典主义在体裁上的束缚，广泛且平等地采用小说、诗歌、戏剧或者文艺性政论、散文等形式进行创作。可见，当时的启蒙文学家有着突破传统文学形式束缚、创作新文学形式的欲望。

总体上来说，启蒙文学不追求崇高的风格，广泛采用各种体裁，多半描写平民人物。启蒙文学中以小说的进步最大，英国现实主义小说的产生为 19 世纪现实主义小说的繁荣奠定良好的基础。此外，启蒙文学对文学体裁的突破，使得欧洲文学从"诗体时代"过渡到了"散文体时代"。

百科全书派

在启蒙运动的中心巴黎，有一群打着"自由、平等、博爱"旗帜、猛烈攻击教会和封建势力的知识分子，打头的是卢梭、孟德斯鸠、狄德罗、伏尔泰。1745 年，狄德罗主持编撰法文版《百科全书》，为了保证这部书的先进性、全面性，他力邀自己的朋友加入这项工作。所以这个派别也被称为"百科全书派"。这项工作历时 20 年，孟德斯鸠和伏尔泰为它写过文艺批评和历史的稿件，卢梭写过音乐方面的条目，哲学家爱尔维修、霍尔巴哈和空想社会主义者摩莱里、马布利等人，都是《百科全书》哲学方面的撰稿人。

【图 23】　《鲁滨孙漂流记》插图

"英式"现实主义小说

18世纪的英国在启蒙运动的影响下也产生了一批启蒙文学作家，大约在20年代，英国启蒙文学正式登上文坛。启蒙文学作家们对当时社会中存在的一些不良现象进行批判讽刺，揭露封建残余势力的阴暗面，他们力图以文学对大众进行道德和思想启蒙。这一时期的英国文学以现实主义小说成就最高。

1719年，丹尼尔·笛福发表了《鲁滨孙漂流记》，标志着英国现实主义小说的诞生。《鲁滨孙漂流记》（图23）采用流浪汉小说的写作结构，通过塑造鲁滨孙这一"真正资产者"的形象，体现了英国18世纪资产阶级的奋发进取和创业精神，同时反映了当时英国寻求海外殖民扩张的意识。鲁滨孙虽是幻想出来的英雄，但因为小说运用写实手法，以描写普通人的现实生活和命运为主，塑造了一个具有真实的人物性格和精神的主人公，所以不会给读者以传奇魔幻的感觉，相反还使得鲁滨孙成了文学史上不朽的流浪英雄。无论是在情节的构思还是内容表达上，这部小说都是以新的手法进行写作，丹尼尔·笛福因此被视为启蒙时期现实主义小说的奠基人，而《鲁滨孙漂流记》亦成了他的代表作。

乔纳森·斯威夫特是英国现实主义小说的另一个代表，他对启蒙思想的主张比笛福要强烈，他的作品所透露的思想也比笛福激进得多。斯威夫特的代表作品是讽刺小说《格列佛游记》（图24），这部完成于1726年的作品共有4卷，作者在文中用船长格列佛的口吻，叙述了他数次航海遇险的经历。格

【图24】 《格列佛游记》插图

列佛漂流过小人国、大人国、飞岛国和智马国等几个童话式的国家，经历了
种种匪夷所思的事情。借助这种幻想旅行的方式，斯威夫特对包括君主政体、
司法制度、教育、军事、殖民扩张、社会风气等方面的英国社会现实进行了
辛辣的讽刺。

　　笛福和斯威夫特是最初登上英国现实主义小说文坛的两位作家，在他们
之后的30年，英国又涌现了理查逊、斯摩莱特、菲尔丁等杰出的现实主义小
说代表。塞缪尔·理查逊关注婚姻、家庭、道德问题，是英国家庭小说的开
创者，他的代表作品有《帕美拉》《克莱丽莎》。托比亚斯·斯摩莱特的作品
多为流浪汉小说，较著名的是《蓝登传》和《汉弗莱·克林克》。

　　英国现实主义小说到菲尔丁出现时发展到了高潮，菲尔丁成为这一时期
英国最杰出的小说作家，他的代表作有《几种假面具下的爱情》《从阳世到阴
间的旅行》《汤姆·琼斯》等。

　　进入18世纪中叶后，随着英国社会阶级矛盾的加剧，感伤主义文学出

现了，现实主义文学的创作日渐稀少。感伤主义文学虽然日渐代替了现实主义文学，但它远远没有后者影响大，笛福的《鲁滨孙漂流记》及斯威夫特的《格列佛游记》至今仍是不朽的名作。

《汤姆·琼斯》

《汤姆·琼斯》是菲尔丁"散文滑稽史诗"的代表作，出版于1749年。它同时也是英国小说史上划时代的杰作，代表18世纪英国现实主义小说的最高成就。

主人公汤姆·琼斯是乡绅奥尔华绥的养子，他爱上了乡绅魏斯登的独生女儿索菲亚。索菲亚对汤姆·琼斯也情有独钟，可是她的父亲嫌弃汤姆·琼斯的出身，从中阻挠他们的感情。奥尔华绥的外甥布立非贪图魏斯登家的财产，假装对索菲亚有意，并在奥尔华绥面前中伤汤姆·琼斯。汤姆·琼斯被逐出家门，索菲亚得知后离家出走，两人同时去了伦敦。经过种种遭遇和冒险后，汤姆·琼斯和索菲亚在伦敦相遇，此时，汤姆·琼斯的身世也被解开了——他与布立非同母异父，都是奥尔华绥的外甥。于是，汤姆和索菲亚终于走到了一起。

《汤姆·琼斯》通过描写汤姆与索菲亚两人的爱情经历，广阔地展现了18世纪英国从乡村到城市的现实图景。随着汤姆和索菲亚的足迹，读者可以看到当时英国从底层到上流社会的一幅幅画面，包括农村、旅店、集市、杂货铺、戏院，乃至生意人的账房、上流社会的沙龙等五花八门的社会画面。通过展示社会各阶层及对各色人物进行描绘，菲尔丁揭露了当时英国贵族阶层的荒淫无耻和虚伪。

书信体小说《新爱洛绮丝》

所谓书信体小说，即用书信的形式写成的小说。这种小说通常以第一人称"我"为主人公，故事情节通过一封封书信展开，完成环境心理的描绘和人物形象的塑造。书信体小说以"我"的口吻讲述事情，既增强了事件的真实感，又使人感到亲切。

卢梭的《新爱洛绮丝》被视为书信体小说的代表，它也是卢梭对文学的主要贡献。卢梭（图25）全名让－雅克·卢梭，出生于1712年，是启蒙运动最卓越的代表人物之一，18世纪著名的启蒙思想家，也是法国伟大的哲学家、教育学家、文学家。

《新爱洛绮丝》是卢梭成名后隐居时所著，故事描写一对青年男女的恋爱悲剧，取材于发生在12世纪的法国的一则真实故事。故事虽然老套，但卢梭赋予了它"新"的定义，通过描写美丽的田园风光、乡土民风、浪漫的爱情、自由的思想、智慧的思考……透露出了他对封建罪恶的强烈愤怒，表现了他的启蒙思想情怀。作者以书信体的形式，站在主人公的立场，以直接强烈的方式表明了自己的资产阶级人道主义态度，对当时的门当户对的封建观念提出了强烈的抗议。

在艺术成就上，细致的心理描写是《新爱洛绮丝》的主要特点。作为法国感伤主义文学的创始人，卢梭擅长勾勒出情景交融的美丽篇章，让读者感受到书中恋人的切实情感。

【图 25】 卢梭

　　然而，越是有美好的憧憬，结局可能就越悲剧。以自由的形式表达强烈的内心情感，又在看似没有情节的书信中将浓厚的悲剧意味表现出来。通过这一写作形式，卢梭将自己的浪漫的感伤主义情调发挥得淋漓尽致。

　　《新爱洛绮丝》作为一部爱情小说，向读者宣扬了纯真的爱情观念，促人清心明目，具有深刻的启蒙价值。它作为一部文学作品，还在创作形式和思想艺术上影响了之后出现的浪漫主义思潮，有重大的文学意义。

"永远的朋友"歌德和席勒

歌德和席勒（图 26）同是 18 世纪德国"狂飙突进"运动的中心代表人物。"狂飙突进"运动是始于 1765 年的一场德国文学界的运动，其名称来源于音乐家克林格的歌剧《狂飙突进》，它是一场在文学创作上推崇创造性力量的运动。在这一时期，德国的文艺形式开始从古典主义向浪漫主义过渡，因此"狂飙突进"运动也可以说是德国浪漫主义文学的幼稚时期。

自 1771 年从斯特拉斯堡大学毕业后，歌德的文学创作一直坚持体现"狂飙突进"运动的精神，他在作品中塑造了一些具有反叛精神的形象，表达自己追求文学进步和社会进步的思想。令歌德成名乃至轰动德国的，是他在 1773 年完成的历史剧《铁手骑士葛兹·冯·贝利欣根》。这部作品取材于 16 世纪德国宗教改革的史实，歌德在剧中再现了那一时期的社会动荡。通过描写暴力压迫和阴谋诡计，它激起了人们对 18 世纪仍存在的封建统治的仇恨。剧中主人公葛兹是一个正直善良、勇敢刚强的敢于争取自由的英雄，在他的身上充分体现了"狂飙突进"运动的精神。该作品发表后，歌德名声大作，成了"狂飙突进"运动的主将。

青年时期的歌德最重要的作品是书信体小说《少年维特之烦恼》。这部小说根据歌德本人 1772 年的一段生活经历改编，讲述了维特和绿蒂这对恋人感伤的爱情故事。小说通过塑造维特这个纯洁真挚、热情奔放、热爱自由的青年形象，描写了时代叛逆者与大环境的矛盾，从而抨击了当时德国的封建

社会。小说以维特致友人与绿蒂的书信及他的日记片段为讲述故事的手段，把叙事、抒情、描写、议论自然地融合在一起。全书的感情浓烈，使读者产生共鸣。这部小说受到了德国乃至当时欧洲各国青年的狂热追捧，一时形成"维特热"，歌德因此名闻整个欧洲。

《少年维特之烦恼》完成之后，歌德开始在魏玛的朝廷从政，从此忙于公务而很少进行文学创作。这样的生活持续了10年，有一天歌德再也受不了这样的生活，他逃离了魏玛，重拾自己的文学理想。但这时候他已经放弃了"狂飙"式的文学幻想，转入"古典"式的创作理念。其中较为重要的作品有《埃格蒙特》《伊菲格涅亚在陶里斯》《托夸多·塔索》，以及他很久之前就开始构思的《浮士德》。

　　这些作品虽然仍带有"狂飙突进"的反叛精神，但这种精神已经明显降低，这是歌德思想由激进转变为柔和的证明。1789 年法国大革命爆发后，歌德的思想矛盾更为明显。他先是宣称这次革命是"一个新时代的开始"，随着革命的深入，他又憎恶革命，并写作了许多批判性的作品对革命进行诋毁。就在歌德的思想斗争最为激烈的时候，他结识了与自己志同道合的席勒，并开始了两人长达 10 年的友谊和合作。

　　弗里德里希·席勒出生于 1759 年，比歌德小 10 岁。直到 1787 年来到魏玛之前，席勒的创作主要有 4 部戏剧《强盗》《斐哀斯柯》《阴谋与爱情》和《欢乐颂》，还有历史剧《唐·卡洛斯》。

　　《强盗》被恩格斯赞誉为"歌颂一个向全社会公开宣战的豪侠青年"的作品，他充分体现了席勒反对暴政、争取自由的精神。《阴谋与爱情》是席勒青年时代的巅峰之作，它与《少年维特之烦恼》同是"狂飙突进"运动最优秀的成果。《唐·卡洛斯》则标志着席勒创作的转折。它以爱情纠葛为主线，描写 16 世纪西班牙宫廷内的政治斗争，最后以正义者被杀为结尾。这一结尾表明了席勒不再认为开明君主统治是一个可以轻易实现的理想，他跟歌德一样，从一个"狂飙突进"的知识分子变成了一个开始深入反思自己的作家。

　　就在《唐·卡洛斯》完成的次年，席勒被歌德举荐到耶拿大学任历史教授。但是，这个时候两人并未真正相交。歌德从教之后也几乎没有进行文学创作，他专事历史和美学的研究，并沉醉于康德哲学之中，沉淀自己的内心。

　　1794 年，席勒与歌德订交。他们在魏玛主办剧院，并一起主编文艺刊物。虽然两人的思想方式有明显的不同，但他们在志同道合的基础上能够互相讨论、补充并互相促进，所以两人的友谊一直维持了下来，直到 1805 年席勒因病去世。在此期间，他们一起创作了警句诗《馈赠》和一系列谣曲，在互相鼓励下，他们还各自写下了诸多重要作品。他们的作品从前期的"狂飙突进"风格转变为古典主义风格，为德国古典文学的进一步发展起到了重大作用。

　　席勒去世后，歌德仍旧保持着极高的创作热情，又写出了将近 20 部作品。这些作品之中，又以《浮士德》的成就最高，它的最终完稿，使歌德成为世界上第一流的名作家。

60 年写成的一部书

《浮士德》(图 27) 是一部诗体悲剧，它是歌德花了 60 年时间才完成的作品，也是歌德一生思想和艺术探索的结晶。

《浮士德》取材于 16 世纪德国的民间传说：生活在 15 世纪的浮士德是个博学多才的人，相传他可能是占星师或是巫师，他将灵魂出卖给魔鬼，创造了许多奇迹。文学家们根据这个传说创作了许多相关故事，并把故事搬到舞台上。歌德幼年时期就看过有关浮士德的戏剧，随着年龄的增长和对社会、生活有了更深的了解，他心中的浮士德这一形象也在发生改变。

1770 年，还在德国斯特拉斯堡大学读书的 21 岁的歌德就开始着手《浮士德》的创作，直到 1831 年才完成整部书的写作。《浮士德》分两部，共12000 余行。第一部共 25 场，是歌德在席勒的支持和督促下完成的，写作时间是 1794 年到 1806 年。

《浮士德》全剧没有首尾紧密连贯的故事情节，而是以浮士德的思想发展为线索，叙述了浮士德不断追求和探索真理的一生。浮士德被内心的"魔鬼"误导，先后经历了书斋悲剧、爱情悲剧、政治悲剧、艺术悲剧和事业悲剧。他的一生虽然失败了，但他的灵魂最终却被天帝接回天堂。

浮士德的一生象征了作者歌德的思想发展历程，包含了他本人及许多具有资产阶级思想的作家们的经历和体会。浮士德的一生还象征了人类的发展历史，它的结果表明进步的过程就是一个总结经验的过程。《浮士德》的内容

【图27】 《浮士德》插图

博大精深，中国当代作家郭沫若赞誉它"是一部灵魂的发展史，一部时代精神的发展史"。

《浮士德》有许多精彩的言论都闪耀着智慧的光芒，这不仅使得虚构的浮士德成了一个具有鲜明性格的人物，也传达了歌德的高妙思想。

歌德以对立统一的矛盾作为基调，运用艺术象征的方式，借助浮士德的身份表达了他对社会、人生、精神发展的全新理解。《浮士德》中对各种矛盾关系的讨论充分体现了歌德的辩证思想，这一思想认识达到了他那个时代的最高峰。

《浮士德》不仅是思想的结晶，还是一部囊括各种题材、具有多种艺术风范的文学杰作。它将抒情诗、哲理诗、散文诗、叙事诗有机地融为一体，根据情节和内容的需要来安排最恰当的诗体和韵律。同时，由于包含了大量典故和象征手法，使得这部作品难免显得高深乃至有点晦涩难懂。但作为一部历史经验的艺术结晶，它处处闪耀着歌德智慧的光芒，也因此被列为代表德国启蒙文学成就最高的作品。

《阴谋与爱情》

　　《阴谋与爱情》是德国"狂飙突进"运动代表人物席勒的代表作，是一部市民悲剧，也是德国启蒙文学最重要的创作成果之一。

　　所谓市民悲剧是与亚里士多德规定的古典悲剧特点相对而言的，它指描写普通人物悲剧的戏剧作品。席勒的《阴谋与爱情》是德国市民悲剧达到最高程度的标志，它的出现体现了市民阶级意识的觉醒，反映了当时人们反封建的思想倾向。

　　席勒创作这部作品的时期，正是他"狂飙"思想最为猛烈的时候，所以作品中体现出的反封建、争取自由的思想感情也尤为浓烈。剧中刻画了正反形象鲜明的两派人物，一派是以宰相华尔特和公爵为代表的封建贵族，一派以费迪南、露易丝为代表，代表敢于蔑视封建势力，具有新兴资产阶级思想的进步青年。利用前者，席勒有力地批判了封建贵族的堕落和寡廉鲜耻；而利用后者，席勒深深寄托了其人文主义的乌托邦理想。

　　最能体现席勒对现实批判态度的是第二幕中的第二场：公爵派出差官给情妇米尔福特送去一盒首饰，作为给她的结婚贺礼。米尔福特问侍从这礼物值多少钱，侍从回答说值 7000 名士兵的性命。原来，公爵把 7000 名士兵卖给英国政府，让他们参与美洲的殖民战争。侍从接着说，这 7000 名士兵中就有他的儿子。这一场戏狠狠地揭露了德国政治的黑暗，强烈控诉了封建贵族的专横暴虐。因为揭露问题过于尖锐，每次演出，这一场戏都被官方要求删去。

在艺术上，席勒克服了以主角的长篇演说表达思想的这一缺点。他借鉴了莎士比亚的《罗密欧与朱丽叶》，特别是《奥赛罗》中的写作手法，在情节展开中显示人物的性格，并通过人物语言表达自己的思想见解。在语言特色上，《阴谋与爱情》因写作于席勒的青年时期，具有青年席勒式的激情的、浪漫的语言风格。费迪南在表露自己的思想见解时，情绪奔放，语言慷慨激昂。阴谋家华尔特诡计多端，言语中透露出斩钉截铁式的无情。其他人物的语言，也根据他们的个性给予不同的表现方式。

《阴谋与爱情》的写作取材于现实，将18世纪德国的社会矛盾和政治腐败搬到舞台上，使得剧本具有强烈的反封建精神。此外，席勒又将爱情的悲剧与宫廷的政治阴谋联系在一起，大大加强了剧本带给人的感受力，具有非常重要的批判价值。它达到的革命高度是以前的市民戏剧未曾达到的，所以更胜一筹。恩格斯称《阴谋与爱情》为"德国第一部有政治倾向的戏剧"。

第五章

文字中的理想和自由：
浪漫主义文学

（19世纪）

19世纪的欧美文学以浪漫主义为主。浪漫主义文学在艺术上强调个人感情的自由抒发，有强烈的主观性。浪漫主义文学作家大多把爱情视为人类最强烈的情感，所以他们的作品有很多都是描写爱情的。英国是最早出现浪漫主义文学的国家之一，它也是浪漫主义文学发展得最为兴盛的国家。其中，最能代表英国浪漫主义文学成就的是诗歌。其他国家的浪漫主义文学发展各有不同，在法国以小说为主，代表作家有雨果、大仲马及写科幻小说的凡尔纳，美国则以诗人惠特曼等为代表。

【图28】 拜伦

拜伦和他的"拜伦式"英雄

　　拜伦（图 28）是英国 19 世纪初期伟大的浪漫主义诗人，他与雪莱一起将英国的浪漫主义文学推向了高峰。

　　拜伦的文学爱好是在进入大学后才被挖掘出来的。他 17 岁进入剑桥大学，学习文学和历史。在大学期间，他广泛阅读了英国乃至欧洲的文学、哲学、历史书籍，毕业后他进行了一次为期两年的国际旅行，游历了葡萄牙、西班牙、马耳他、希腊、土耳其等一些南欧和西亚国家，不久就写作了使他一夜成名的作品《恰尔德·哈罗德游记》。

　　《恰尔德·哈罗德游记》是拜伦的代表作之一，它是一首抒情叙事诗。诗歌通过描写异域的美丽自然风光，表达了诗人对大自然的热爱，对纯净世界的向往。在诗中，拜伦塑造了他的第一位"拜伦式英雄"——哈罗德。这是个厌倦了糜烂的贵族生活的叛逆青年，他的孤独、忧郁和悲观是拜伦的象征，也是此后拜伦很多作品中的主角特色。哈罗德不愿与腐朽的丑恶的现实同流合污，他来到了边远地区，企图从不受文明侵蚀的民族文化中感受到原始的人性的纯真，然而他的愿望落空了。

　　哈罗德的高傲不群和具有反抗精神的叛逆其实出自于拜伦，所以他的思想矛盾和世界观就是拜伦思想的体现。《恰尔德·哈罗德游记》剖心泣血式的写作为拜伦赢得了巨大的成功，该书一经问世即轰动文坛，拜伦一时名震英国乃至风闻欧洲。

【图 29】 ［德］施勒福格特（歌手弗朗西斯科·德·安德拉德在莫扎特的歌剧中扮演唐璜）

在此后的创作中，拜伦仍坚持《恰尔德·哈罗德游记》式的写作。他继续在作品中塑造"拜伦式英雄"——他们一方面热爱生活，追求幸福；一方面又敢于同丑恶的社会制度和社会势力做斗争。然而他们又过于崇尚自由主义和个人主义，远离群众而单枪匹马地斗争，于是最终以失败告终。

"拜伦式英雄"鼓舞人们大胆地抨击当时英国的封建秩序和资产阶级市侩，所以他们是具有进步意义的；但这些人的无政府主义及孤僻、悲观的处世态度又会给读者带来消极影响。这类形象的塑造为拜伦带来了褒贬对立的两种评价，俄国的文艺批评家别林斯基和诗人普希金都曾指出"拜伦式英雄"的思想弱点及其危害性。

1818 年到 1823 年，拜伦创作了长篇叙事诗《唐璜》(图 29)。这是一部有别于拜伦以往作品风格的作品，其中塑造的人物主角唐璜也不同于"拜伦式英雄"。《唐璜》共约 16000 行，全诗以唐璜的欧洲游历和他的数次爱情历险为主线，通过主人公的冒险足迹揭示出封建专制时代的政治暴虐和社会道德的虚伪。在诗中，唐璜所到之处，无不充斥着战争的流血，到处是坑蒙拐骗和贵族、政客的虚伪无赖。拜伦以锋利的诗句，辛辣地讽刺了他所处年代"各国社会的可笑方面"，由此表达诗人与一切反动势力做斗争、争取自由的民主思想。

《唐璜》的内容丰富，它既包含现实主义的内容，又有诙谐轻松，或者温柔抒情、富含哲学沉思的语句。此外，它还加入了作者本人的大量插话。整部诗半庄半谐、夹叙夹议，虽然变化多端，却又浑然一体。拜伦以流畅痛快的笔墨描写社会万象，大胆揭露了当时社会的黑暗、丑恶、虚伪。《唐璜》不仅是一部文学作品，还被认为是一部号召人们为自由和幸福战斗的战歌。

拜伦以深厚的思想和无与伦比的独特风格，创作了包含《恰尔德·哈罗德游记》《唐璜》在内的十多首著名长诗。他的《唐璜》代表了浪漫主义时代欧洲诗歌创作的最高成就。同时又因为他的诗歌带着召唤人们争取自由的革命理想，所以他又被视为一名革命活动家。

【图30】 ［英］亨利·福塞利《海格力斯拯救普罗米修斯》

天才预言家雪莱

在19世纪的英国诗坛，雪莱的影响力一点也不输于拜伦。雪莱的诗充满热情，满是对自由的渴望，对平等的渴求。在诗剧《被解放的普罗米修斯》中，普罗米修斯因违背朱比特的意愿，将火从天庭盗取给人类，使人间有了火种；他又传授各种技艺知识，使人间有了文化。朱比特知道后，将普罗米修斯钉锁在高加索山崖上，每天派神鹰啄食他的肝脏……最终，朱比特被自己的儿子轰下宝座，而普罗米修斯也被大力士海格力斯从悬崖上解救出来（图30）。

《被解放的普罗米修斯》堪称诗体之最，古今诗坛上出现过的各种优美诗体，如颂歌体、十四行体、斯宾塞体、双行体、古希腊合唱体……在这首诗中都出现过，所以这首诗也被誉为"抒情诗之花"。

雪莱最为人熟知的一首诗是《西风颂》，其中那句"西风哟，如果冬天已经来到，春天还会远吗？"给无数身处困境的人带来希望，以至于恩格斯说他是"天才预言家"。

1822年，雪莱不幸遭遇海难，据说他被火化后，心脏却奇迹般地留存下来。所以，在他的墓碑上用拉丁文刻着"众心之心"。

【图 31】 《巴黎圣母院》插图中的爱斯梅拉达

法兰西的莎士比亚

维克多·雨果是 19 世纪前期法国的浪漫主义文学领袖，出生于 1802 年。雨果生活的年代正处在法国社会变革的时期，他几乎经历了 19 世纪法国所有的重大事件。他结合当时的社会状况，写作了诸多同时具有文学价值和社会意义的伟大著作。雨果的创作历程超过 60 年，作品合计 79 卷之多。在雨果的所有文学作品中，最著名的是《巴黎圣母院》和《悲惨世界》。

《巴黎圣母院》（图 31）是雨果的第一部大型浪漫主义小说，它讲述了发生在 15 世纪法国的一个故事，具有浓郁的浪漫主义色彩。然而，它说的却是现实的问题。雨果以强烈对比的写作手法揭露了宗教的虚伪，歌颂了下层劳动人民的善良友爱、舍己为人等美好品质。小说充分反映了雨果的人道主义思想，作为具有雨果自身风格的第一部长篇小说，《巴黎圣母院》奠定了雨果作为世界著名小说家的地位。

《悲惨世界》是雨果自 1831 年发表《巴黎圣母院》后，相隔 31 年再发表的另一部长篇小说。这部小说是雨果对社会问题思考的结晶，从构思到完成，它经历了漫长的时期。在《巴黎圣母院》发表后，由于政治方面的原因，雨果遭到迫害，开始了将近 20 年的流亡生涯。

开始流亡后，雨果目睹社会底层人民各种受苦受难的生活状况，不断积累了写作资料，《悲惨世界》的整体框架由此开始形成。1841 年，雨果为自己起草了这样一个故事的梗概："一个圣人，一个男子，一个女子，和一个娃娃的故事。"由此策划了《悲惨世界》的 4 个主要人物：米里哀主教、冉·阿让、芳汀、柯赛特。

《悲惨世界》内容丰富深广，对法国的历史、文化、政治、道德哲学、法律、正义、宗教信仰等都有涉及。它是雨果篇幅最长的小说，也是花费他精力最多的作品。小说以社会底层受苦受难的穷人为描写对象，表达了雨果为这些穷人鸣不平的主旨。他在序言中说："贫穷使男子潦倒，饥饿使妇女堕落，黑暗使儿童羸弱，这是本世纪（19 世纪）的三个问题。只要这三个问题还得不到解决，这世界上就还有愚昧和困苦。这种现象存在于世界上一天，那么，和本书同一性质的作品都不会是无用的。"《悲惨世界》以深邃的人文主义理想道义，在雨果数量众多的文学作品中居于首位。有人认为，在 19 世纪文学中，只有巴尔扎克的巨著《人间喜剧》可与之媲美。

雨果一生创作了大量作品，他既是一位诗人、小说家，也是一名政治活动家。他始终秉持人道主义，以反对暴力、反对"恶"的思想创作。他的作品不仅达到了法国浪漫文学的巅峰，也代表了当时资产阶级民主作家的最高成就。雨果被人们称为"法兰西的莎士比亚"。

大仲马和他的传奇之作

　　大仲马出生于法国的维勒－科特莱，其全名为亚历山大·仲马（图 32），原名为戴维·德·佩莱苔利。关于大仲马改名，跟他家族的一段历史有关：

　　大仲马的父亲托马斯·亚历山大是个混血儿，是大仲马的祖父戴维·佩莱苔利和一个黑人女仆所生。托马斯·亚历山大后来参军，戴维·佩莱苔利认为一个混血士兵用自己的姓氏有辱门庭，不允许他用自己的姓氏报名，于是托马斯只好用自己母亲的姓氏仲马报了名。托马斯后来因作战有功被升为将军，不久后拿破仑开始独裁统治，他因政治立场"不正确"而被罢职。托马斯忧愤而死，当时大仲马只有 4 岁。大仲马 13 岁时，他的母亲要他在贵族姓氏"佩莱苔利"和黑奴姓氏"仲马"之间选择，大仲马坚决地说："我保留亚历山大·仲马的名字！"

　　1829 年，大仲马的第一部浪漫主义戏剧《亨利三世及其宫廷》在巴黎上演，使他在文坛上崭露头角。该部戏剧取材于半真半假的史料，但是，大仲马通过对戏剧性场面的处理，使戏剧表现出了强烈的个人感情和地方色彩。它的成功使大仲马感觉到历史题材的戏剧也许是自己的特长，而他也恰好能在取之不竭的历史材料中得到灵感。于是，他又陆续写出了几个取材于历史的剧本。后来，为了迎合市场需要，他甚至不断地将自己的小说改编成剧本。据统计，他一生写作的剧本共有 90 多个。

　　直到 19 世纪初报业开始发展起来，报刊连载小说也应运而生，大仲马

【图32】 大仲马

【图 33】　《三个火枪手》插图

【图34】 《基督山伯爵》中的监狱原型——伊夫堡

才将精力主要投入到了小说创作中。大仲马的小说大都以真实的历史作背景，讲述主人公的奇遇。小说内容庞杂，情节跌宕，堪称历史惊险小说。他最为著名的小说有两部：《三个火枪手》和《基督山伯爵》。

《三个火枪手》（图 33）以历史事件为题材，以政治斗争为主线，讲述了17 世纪 30 年代路易十三统治时期的一个故事，描绘了爱情恩怨、友谊、英雄壮举这三个备受人们喜爱的主题，因此它面世以后受到了众人的追捧。该书在后来被多次翻拍成电影作品，其中拍成的动画电影至今仍是经典。

《基督山伯爵》（又译为《基督山恩仇记》）（图 34）是大仲马在报上连载一年的小说，它的发表使大仲马成为他所在时代最流行的小说家之一。这部小说的情节比《三个火枪手》要复杂得多，讲述了一个扑朔迷离的复仇故事，充满浪漫的传奇色彩。全书险象环生，高潮迭起，大故事中有小故事，小故事又没有脱离故事主线，可谓精彩纷呈。

这部书情节的精彩构架反映出了大仲马善于编写故事的杰出文学才能，此外，书中人物的对话又可见作者作为戏剧家的语言天赋。全书表现出的戏剧文学特点极强，有大半以上的篇幅都是由对话构成。大仲马将人物的思想、性格乃至内心的阴谋计划都用对话表现出来，有时候人物的一句话就是一个段落。这种写作方式易于读者阅读，且又使行文看起来无比流畅。它被后来的众多小说家推崇，中国当代的通俗小说家金庸、古龙、梁羽生等在创作中也都承袭了这一写法。

大仲马一生以小说和戏剧创作为主，但他也同时进行其他文学种类的创作，各种著作达 300 卷，其中不乏《烹饪大选》这种通俗类作品。大仲马的文学成就很大，他被别林斯基称为"一名天才的小说家"，他还是马克思最喜欢的作家之一。

【图35】 ［捷克］阿尔丰斯·穆夏《茶花女》

小仲马与《茶花女》

小仲马是法国戏剧由浪漫主义向现实主义过渡期间的重要作家。小仲马是大仲马的儿子，小仲马也热爱文学创作，并且和他父亲一样勤奋。24 岁那年，他以自己的亲身经历写成小说《茶花女》（图35）。《茶花女》被改编成话剧上演后大获成功。后来，意大利著名歌剧作曲家威尔第和剧作家皮阿维又把《茶花女》改成歌剧，至今仍是上演场次最多的歌剧之一。

《茶花女》的主人公是一个名叫玛格丽特的妓女，因为她特别喜欢茶花，所以人们都叫她"茶花女"。茶花女年轻漂亮，身边不乏追求者，除了有钱的公子哥，还有一个叫阿芒的穷小子。当茶花女得了肺病，只有阿芒每天打探她的病情，给她送花。阿芒的真心打动了茶花女，二人相爱了。

但茶花女过惯了锦衣玉食的生活，为了满足茶花女，阿芒只好去赌博、借贷。而茶花女也愿意为了阿芒，卖掉自己的家当，打算过普通人的生活。但阿芒的父亲找上门来，斥责儿子是个败家子儿，逼迫儿子跟茶花女一刀两断，但阿芒没有屈服。

可让阿芒想不到的是，茶花女却离他而去，回到了贵族情人的怀抱。为了泄愤，阿芒开始对茶花女实施精神折磨：不仅当着她的面向其他妓女献殷勤，还写信辱骂她。不久，茶花女含恨死去。在茶花女入殓后，阿芒得到了她的一本日记，才知道事情的真相：善良的茶花女是为了不让他背负"浪荡子"的骂名，因为阿芒的妹妹就因为阿芒的坏名声，婚事差点黄了。阿芒悔恨交加，在茶花女的墓前献上了她最喜爱的洁白的茶花，那是她心灵的真实写照……

【图36】 《海底两万里》插图

"科幻小说之父"凡尔纳

　　于勒·凡尔纳于 1828 年出生于法国南特费多岛，他的家世背景和成长环境都很普通。大学毕业前，凡尔纳就已经写了不少剧本。取得法学学位后，他不愿回到家乡继承父业，于是仍留在巴黎继续学习。他整日在国家图书馆汲取知识信息，后来发现自己对科学方面的知识很感兴趣，他便自学了地理、数学、物理、天文学等学科。在此期间，他还认识了当时著名的探险家雅克·阿拉戈及许多旅行家、地理学家。在书籍及所接触人物的影响下，凡尔纳创作出了第一部科幻小说《乘气球漫游》，这时他才 23 岁。

　　1862 年，凡尔纳认识了出版商艾泽尔，并于同年底出版了小说《气球上的五星期》。这部书的出版获得初步成功，艾泽尔因此与凡尔纳签订了长期合作合同。合同规定，凡尔纳需在 20 年内每年提供两卷作品。与艾泽尔的合作，标志着凡尔纳开始了科幻类作品创作。

　　因为每年都有固定的任务量，凡尔纳不得不把所有时间都用在写作上。据说他每天早上 5 点钟起床，一天工作 15 个小时，只在吃饭时休息片刻。他的妻子疼惜他，问他为什么这么拼命。凡尔纳引用莎士比亚的话笑答："放弃时间的人，时间也放弃他。"正是由于笔耕不辍，凡尔纳一生的创作量惊人。他总共出版了 104 卷小说，达 800 万字之多，光笔记就记了上万册。

　　凡尔纳的科幻小说大致可以分为三类：一类是描写地球上的漫游或冒险经历，如《海底两万里》(图 36)、《八十天环游地球》、《格兰特船长的儿

【图37】 凡尔纳

女》、《神秘岛》、《地心游记》等。一类是描写星际旅行和空中历险，如《从地球到月球》《太阳系历险记》《环月旅行》《气球上的五星期》等。最后一类是讲述地球上的考古发现、科学发现，较著名的有《机器岛》《喀尔巴阡古堡》《2889年美国新闻界巨子的一天》等。

《格兰特船长的儿女》《海底两万里》和《神秘岛》被称为"凡尔纳三部

曲"，它们是凡尔纳早期最成功的代表作。

从故事情节来看，凡尔纳（图 37）的大多数科幻小说都是写给孩子看的。凡尔纳本人也说过，他的目的也正在于概括现代科学积累的一切地理、地质、物理、天文知识，以特有的吸引人的形式，再现宇宙历史。所以，在他的小说中，可以见到很多关于陆地、海洋、两极的地貌和生物的描写，也有对其他国家地区的生态、生活环境的叙述。如在他的《八十天环游地球》中就写有中国、日本的习俗，而《气球上的五星期》则描写了大量的非洲物种，包括埃及的无花果树、葫芦树，非洲的羚羊、狒狒、狮子、鳄鱼、单峰驼等。

在传达知识时，凡尔纳坚持以尽量科学的角度向读者传递信息。但在可以展开想象的地方，他又大胆地想象，把读者带入一个个奇境。而且，凡尔纳的想象并非完全脱离现实，而是仍建立在尽量符合科学发展轨迹的基础上。如他在描述宇宙飞船上太空这一设想时，因为当时连科学家都没有研究出飞船登月的具体操作，为了不违背科学原理，凡尔纳便只描写了飞船环月飞行和太阳系飞行。

进行科幻创作需要具备大量的各学科的知识，所以，凡尔纳能够写出那么多本科幻小说，很大程度上是基于他广泛的阅读。但同时他的创作也跟他的旅行经历有关，因此他的作品虽然属于科幻类，但跟现实并非一点瓜葛都没有。在他的小说中，有许多对资本主义的深刻批判。《格兰特船长的儿女》中描写澳大利亚大陆上的土人被灭绝的原因，提到"大英帝国的殖民制度是要使被征服的弱小民族灭种，要把它们的人民消灭在他们的故乡……"，从中可见凡尔纳对殖民主义的谴责。

凡尔纳运用大胆的想象构筑小说世界，故事情节生动有趣，又在创作中适当地融入科学知识，使人们在享受阅读乐趣的同时又加深了对这个世界的理解。他的作品内容丰富而引人入胜，即使在今天，他描绘的很多科幻理想都实现了，他的作品读起来仍令人兴致盎然。

【图38】 ［美］托马斯·伊肯斯《沃尔特·惠特曼的肖像》

一生只写一本书

　　沃尔特·惠特曼（图38）生于1819年，出生地是纽约长岛的一个农庄。惠特曼只受过5年普通教育，在一开始也并未表现出明显的文学天赋，他的文学历程可以说就是他个人的生活励志史。他从11岁就开始混迹社会，自谋生路。他做过很多工作，印刷学徒、勤杂工、报社排字员、记者、工人、教师、编辑等。

　　惠特曼成长的时期正处于美国建国不久和美国南北战争之间，这是美国人民呼唤自由与平等的时期。在这样的大背景下，未成年就参与到社会中的惠特曼，在经历了种种行业角色后对这个时代环境有了新的认识。1848年，担任《自由人》编辑的惠特曼有了一个宏大的计划，他决定把自己十几年来所见到的、感受到的都用诗歌的形式表现出来。不久，他辞去《自由人》编辑一职，回到家乡，与父母生活在一起。在此期间，他一边做一些自由的零工，一边写作《草叶集》。

　　1855年，初版《草叶集》由惠特曼自费出版。诗集的名字来源于惠特曼一首诗中的一句："哪里有土，哪里有水，哪里就长着草。"草无论长在何处，都能自发向上生长。它的自由性和坚强个性寄托了惠特曼追求民主、自由的理想。

　　《草叶集》初版一面世就收到了褒贬不一的评价。保守的学院派认为它的内容过于大胆和新奇，而有识之士却看到了它所具有的革命性意义。思想界的领袖爱默生与惠特曼是朋友，收到惠特曼寄给他的书后，他写信表示对惠特曼十分支持，他说"我祝贺你伟大事业的开始"。

《草叶集》的创作时间跨度很大，从 1855 年初版到 1892 年最后一版，经历了 37 年。它涉及的领域十分广泛，内容庞杂，所蕴含的思想也十分丰富。从整体上看，它的中心思想可以说是"通过讲述一个普通美国人的生活、情感和思想，去表现他的国家和他所在的时代，以及他的人民"。这个普通美国人就是《草叶集》中的"我"。强调自我意志和自我认同，是诗人的朋友爱默生的一大思想。受这一思想的影响，惠特曼也在诗歌中一再对自我进行了赞颂。诗人笔下的自我不同于浪漫主义文学中那种纤弱幽怨的自我形象，他所描写的自我是铿锵有力乃至于有些粗鲁的。

诗人认为健康的自我应该是一个敢于迈出步伐的实干家，而不是一个只会沉浸在无用的冥想沉思中的做梦人。健康的自我不止注重充实头脑和心灵，也发展自己的肉体和感官。他会开辟出自己的一条道路，主动承担追逐自由的过程中应负起的责任。惠特曼的这一思想在他的《自我之歌》中有很大胆的表达，他说："我，惠特曼，一个美国人，一个粗鲁汉，一个世界，我纵情声色……饥餐，渴饮，传种接代。"

通过"我"的传达，惠特曼将自己追求民主和自由的思想赤裸裸地呈现了出来。在"我"看来，民主就是"我的爱人"。为了他，"我"愿意献出所有的情感和努力。在这一"为民主服务"的思想基础上，惠特曼在诗歌中热情歌颂了当时美国各行各业的劳动者，赞美他们开拓新大陆、建立城市的丰功伟绩。

《草叶集》像一首可根据主题的变化而改变乐器的交响曲，它又像当时新生的美利坚民族一样，具有丰富多姿的特点。惠特曼之所以运用这种自由的诗体形式，是因为他认为歌唱民主的声音不能受传统诗歌形式的束缚。因此，他以大胆直率的诗句和流畅的韵律来赞美普通人，以读起来高亢有力的诗句讴歌民主，鼓励读者。而少部分涉及死亡、宇宙奥妙的诗歌，他的笔调却是轻柔哀婉的，读起来如泣如诉。

惠特曼虽然一生只发表了唯一一部《草叶集》，但他的文学成就巨大。他发明的这种灵动自由的诗歌形式打破了传统诗歌格律，创造了后来被称为"自由体诗"的新体诗。此外，他还把俚语土话运用到诗歌中，使看起来高贵无比的艺术创作也为普通百姓开启了一扇门。第二次世界大战后，美国"垮掉的一代"的文学创作者们承袭了惠特曼的创作风格，有的评论家因此称他们为"惠特曼的孩子"。

第六章

小人物的春天：
批判现实主义文学

（19世纪）

　　批判现实主义文学，顾名思义，反映现实，具有社会批判性。这种文学思潮最先出现在爆发资产阶级革命的法国，后来在英国得到迅速发展。在法国产生了司汤达、巴尔扎克、小仲马等代表作家，在英国则以狄更斯、勃朗特三姐妹等人为代表。以后，这一思潮波及俄国、北欧和美国等地，成了19世纪欧美文学的主流，使之产生了许多伟大的作家。俄国的诗人普希金，小说家屠格涅夫、托尔斯泰、陀思妥耶夫斯基、果戈理及著名的讽刺作家契诃夫等，以及美国作家马克·吐温等，都是在这一文学主流中成长起来的。

【图 39】 福楼拜

从宏观到微观：巴尔扎克和福楼拜

巴尔扎克是法国 19 世纪最重要的作家，他创作的小说合集《人间喜剧》是人类文化宝库中的瑰宝，著名小说《欧也妮·葛朗台》《高老头》等都是出自这部作品集。

早年，巴尔扎克接受母亲的安排，一面攻读法律，一面在事务所实习，准备做一名公证人。然而，巴尔扎克的兴趣始终在哲学、文学上，所以他最终放弃了当公证人的前途，开始进行文学创作。1829 年，巴尔扎克在经过实地调查、搜集资料后，发表了小说《舒昂党人》。这是巴尔扎克的第一部署上真名实姓的著作，说明他坚信自己找到了创作道路。之后，巴尔扎克的创作仍坚持这种现实写法，主要以当代生活和社会风俗为描写对象。从 1829 年到 1834 年间，他创作了《高布赛克》《苏镇舞会》《十三人故事》《欧也妮·葛朗台》和《高老头》等作品。这一阶段的作品，又以《欧也妮·葛朗台》和《高老头》的成就最高，它们标志着巴尔扎克的创作已经趋于成熟。

《欧也妮·葛朗台》塑造了一个典型的吝啬鬼葛朗台。通过葛朗台这一极端吝啬的形象，巴尔扎克把资产阶级嗜钱如命的本质披露得淋漓尽致。《高老头》在艺术上是巴尔扎克的第一个高峰。这部作品以高老头的悲剧痛斥了法国复辟时期的世态炎凉，批判了当时人欲横流的社会现实。"把父亲踩在脚下，国家不要亡了吗？"高老头死前发出的这一声控诉揭示了这部作品的主旨。

《欧也妮·葛朗台》和《高老头》是《人间喜剧》中最著名的作品，它们的故事可能是虚构的，但它们都同样揭露了当时的社会现实，由此可见巴尔扎克的创作倾向于现实主义。这两部作品的人物塑造、心理描写、情节构架等方面都表现出了巴尔扎克高超的文学创作能力。事实上，囊括91部小说的《人间喜剧》确实就是一部包罗万象的社会史。它的所有作品分为风俗研究、哲理研究、分析研究三大类，其中反映社会生活的风俗研究类作品数量最多，这些作品又被分为私人生活、外省生活、巴黎生活、军事生活、政治生活、乡村生活等六大场景。它们有的描写资产阶级的发迹史，揭露了金钱利益下的罪恶，有的反映贵族阶级的衰亡，有的则是围绕争夺金钱的战争来讲述普通人生活中的悲剧，宗旨仍是批判拜金主义下的社会道德的衰落。

巴尔扎克一生只活了51年，却写出了《人间喜剧》这部不仅文学价值高，也极具社会意义的巨作。巴尔扎克因在小说方面具有卓越的建树而被尊为"法国现代小说之父"。

居斯塔夫·福楼拜（图39）是19世纪法国重要的批判现实主义小说家，他的著名作品有《包法利夫人》《情感教育》和《布瓦尔和佩库歇》等。

福楼拜出生于1821年，作品深受歌德、拜伦和雨果的影响，直至1842年完成的小说《十一月》仍可见浪漫主义特色。《包法利夫人》的问世改变了这一方向。它引起的轰动证明了福楼拜的文学写作实力，也让福楼拜从此踏上成功之路。

《包法利夫人》讲述一位小资产阶级妇女爱玛的一生。在福楼拜之前，文学作品几乎没有以桃色事件为故事主题的。尽管《包法利夫人》的主旨是通过一个妇人的悲剧来揭露社会的污浊，但它大胆地以一位浪荡的妇人为主角，突破了常规，因此被当局指控伤风败俗，而福楼拜亦被法庭追究责任。为了避免跟政府和社会冲突，福楼拜之后放弃了锋芒突出的现实题材的创作，转向了基调较为柔和的古代题材创作和当代生活题材创作，由此写出了《萨朗波》《情感教育》和《布瓦尔和佩居谢》等作品。

此后，福楼拜的其他作品无论是什么题材，其艺术特点都是现实主义，主题基调也都是揭露资本主义思想给人带来的破坏性。福楼拜的创作中最突出的特点是他有自己的一套艺术主张，即追求文学的真实性、客观性，同时又追求艺术美。福楼拜不仅主张这么做，而且以实际行动来实践这一套主张。

福楼拜对文学艺术美的追求是最明显的，也是他的创作取得成功的重要因素。他认为文学同任何一种艺术一样，首先的目的在于表现美。并认为，文学艺术的美不仅在它表现的思想上，也在于它所采用的形式上。为此，他十分强调精确的词句在文学中的重要性。《包法利夫人》的文字精美，最能说明福楼拜的这一追求，它也因此被视为福楼拜的典范作品。

他用词精确，力求给读者一种如临其境的感觉：时而以客观的白描来表现环境和人物心理，时而站在人物的角度去直接表现他们的内心感受。这种不断变换角度的写法，既体现了他的客观态度，又从多方面刻画人物的性格，使得人物的精神世界能更加生动地表现出来。福楼拜的这种手法，被评论家称为"电影手法"。由于福楼拜在小说艺术中所作的探索取得了重大成就，他被誉为"西方现代小说的奠基者"。

政治小说《红与黑》

　　《红与黑》是法国著名作家司汤达的代表作，**根据两件真人真事加工而**成。这两件事的共同点是下层人民都表现出了强烈的感情和大胆的行动力，司汤达从他们身上得到灵感，决定写一部类似情节的小说，由此创作出了《红与黑》。

　　在内容上看，《红与黑》描写了于连与瑞那、马蒂尔德这两个女子的感情纠葛，像是一部爱情小说，但它实际上具有强烈的政治倾向，有人称它"是一部彻头彻尾的政治小说"。《红与黑》的政治倾向从它的内容和人物语言上可以看出来。

　　在内容上，市长这个角色代表了法国复辟王朝时期的贵族阶级。司汤达通过描写市长的发迹史和他对妻子出轨一事的处理，表现了贵族阶级为了个人利益不择手段的丑陋。对神学院的描写最能表现司汤达对当时政治腐败的强烈揭露。在神学院，不仅院长和其他教士有着明显的争斗，就连学生之间也钩心斗角。他们知道教士其实是政府用来维护政权的工具，有着丰厚的收入。为了争取让自己得到教士们的赏识，他们极尽尔虞我诈之能事。

　　此外，小说还对当时的政治斗争有着尖锐的描写。在《国王在维里埃尔》一章中，司汤达描写了1830年查理十世到布雷勒奥做祈祷的场面。这一场面暗指保守派为了争取民众的支持，连国王都不惜自降身份讨好宗教。借此，司汤达辛辣地抨击了政治与宗教相互勾结、利用的社会黑暗。

【图 40】　法国大革命

在语言上，司汤达则是非常巧妙地借助人物说出自己的政治态度。于连目睹神学院的虚伪后，写信给友人说："法国有千千万万个像我一样的人，我们都以那些由低级职位做到高级职位的官员为榜样。但是，你怎能不认为，我们以他们为榜样是为了推翻这些傻瓜呢？"在于连因为瑞那的爱情而醒悟后，他的政治观和人生观也发生了改变。在法庭上，他慷慨陈词："站在你们面前的是一个农民，一个起来反抗他卑贱命运的农民。"

《红与黑》之所以具有强烈的政治倾向，跟它的作者司汤达的个人经历有关。司汤达的童年是在法国大革命（图 40）中度过的，他长大后当过兵，跟随拿破仑进军意大利，后来又参加了奥地利战役。从军的经历让司汤达对政治有了充分的了解。他又间断性地在政府机关任职，做过行政法院的助理办案员、皇室总管助理及向拿破仑递交信件的信使，这些经历为他在小说创作中加入政治元素做了铺垫。除了《红与黑》，司汤达的《帕尔马修道院》和《吕西安·娄万》也是描写政治斗争、反映欧洲封建势力的黑暗统治的作品。

法 国 大 革 命

法国大革命是 1789 年爆发的一场资产阶级革命。革命的导火索是国王路易十六在凡尔赛宫召开中断了 175 年的三级会议。路易十六提出的增税、限制新闻出版自由等议题被代表资产阶级利益的第三等级代表否决了。不仅如此，第三等级代表还宣布成立国民议会，且国王无权否决国民议会的决议。为此路易十六派兵镇压，杀了很多人。经受过启蒙思潮洗礼的巴黎人民立即行动起来，7 月 14 日，他们捣毁了象征封建统治的巴士底狱。而这一天后来就成了法国国庆日。

攻占巴士底狱打响了法国大革命的第一枪，法国各地人民纷纷仿效巴黎市民，推翻封建统治。不久，由人民组织起来的制宪会议通过了著名的《人权宣言》，宣布"人们生来而且始终是自由平等的"。

路易十六表面上拥护革命，暗地里却勾结外国军队准备反扑。他的意图很快被人民识破，他也被推上了断头台。路易十六死后，革命队伍里出现了残酷内斗，最终权力落在了一位屡建奇功的将军拿破仑手上。1792 年，法兰西第一共和国成立。12 年后的 1804 年，拿破仑建立法兰西第一帝国，当了皇帝。而第一帝国的诞生，被很多人认为标志着法国大革命的结束。

狄更斯和哈代：污浊世间的白莲花

查尔斯·狄更斯是 19 世纪英国批判现实主义小说家，一生创作了大量小说、散文、游记、剧本、演讲稿等。除了诗歌，他的创作几乎涉及所有文学体裁，其中成就最高的是长篇小说。

狄更斯的长篇小说大多描写底层小人物，反映当时英国复杂的社会现实。狄更斯没上过几年学，他的文学底蕴来自于自家阁楼里的藏书。

在狄更斯的小说作品中，著名的《雾都孤儿》《大卫·科波菲尔》及《远大前程》，都是描写底层人物的故事。

《雾都孤儿》（图 41）是狄更斯的第二部长篇小说。它以雾都伦敦为背景，讲述孤儿奥利弗寻找幸福的艰难旅程。小说揭露了当时社会的诸多问题，包括救济院生活、工厂聘用童工、帮派引诱流浪青少年参与犯罪等。其情节跌宕起伏，引人入胜。最重要的是，他通过奥利弗的一系列遭遇，狠狠地披露了当时资本主义社会的黑暗和虚伪。这本书所具有的社会意义经久不衰，因此被多次改编为电影、电视剧及舞台剧。

《大卫·科波菲尔》讲述孤儿大卫在姨婆的抚养下长大成人，后来通过自己的努力成了一个著名作家。这部作品带有一定的自传性质，具有励志和教育意义，是狄更斯本人最喜爱的作品。

狄更斯描写小人物的小说多半具有励志的作用，但他并非是简单地讲述一个小人物的故事，而是通过主角的遭遇来表达自己对社会现象的思考。狄

【图41】 《雾都孤儿》插图

更斯在小说中体现的思想观念大致有三个方面，一是对维多利亚时代英国资本主义的批判，二是强调伦理道德在人们生活中的重要性，三是通过探索人性中的方方面面来表达自己的人道主义思想。在《远大前程》中，老处女郝薇辛在死前悔恨自己生前的所作所为。这一结局表明，在狄更斯看来，一个人的本质是善良的，死亡的意义有时候比活着的意义更为重大。

狄更斯以普通人物的命运为主线，通过描写朴实的生活中存在的跌宕情节来讲述道理，提醒人们保持正义、善良、淳朴。他写作的许多故事都因贴近生活而备受大众喜爱，也使得小说在英国文坛的地位得到了提升。马克思和萨克雷等赞誉狄更斯是英国"杰出的小说家"。

托马斯·哈代也是英国 19 世纪一位长寿且多产的重要作家，他出生于 1840 年，活了 88 岁，一生共创作了 15 部长篇小说、4 篇短篇小说、8 卷诗作及 2 部诗剧。

哈代的出生地是英国多塞特郡的一个村庄，他从小喜爱文学作品，尤其热衷探险故事、传奇小说、浪漫的爱情文学及莎士比亚的戏剧。

哈代的作品，按照他自己的分法，大致有三类："罗曼史和幻想""爱情阴谋故事"及"性格和环境的小说"。这三类中，文学成就最为卓著的又是最后一类，哈代的重要小说包括《绿荫下》《远离尘嚣》《还乡》及《德伯家的苔丝》等都归在此类中。

《远离尘嚣》是哈代第一部得到称赞的长篇小说。之后，哈代对小说的思考也日趋成熟。他的小说仍以农村为故事发生地，却开始主要描写农民阶级在工业革命的影响下所产生的动荡，控诉不合理的社会制度。《德伯家的苔丝》（图 42）就是这么一部作品：出身贫困的少女苔丝为了改变自己的命运，到庄园、牛奶场打工，这是她力求从一个农民转变为工人的表现。然而，她的争取是徒劳的。在资产阶级掌握一切特权的社会里，遭到地主少爷的玷污、失去童贞的她依然坚持保留自己的高尚，那她注定要遭受一连串的不幸。在披着虚伪的道德外衣的资产者面前，本是受害人的人反被视为肮脏的罪人，就连对她倾心的安吉·克莱也不免有这种偏见。通过这样的描写，哈代将爱情的悲剧描写得更具有震撼人心的力量，也将资本主义制度的不公和资产阶

【图42】 《德伯家的苔丝》插图

【图 43】　哈代

级的虚伪披露得淋漓尽致。

继《德伯家的苔丝》之后，哈代又创作了小说《无名的裘德》。这部小说以威塞克斯为大背景，讲述英国工业革命下的宗法制农村社会的历史变迁。这部作品刺痛了那些手中握有等级特权的资产阶级，他们猛烈抨击哈代。哈代因为忧愤，曾一度放弃小说创作，重新投入诗歌写作中。不同体裁的写作丰富了哈代的文学成就，而长期的创作又使得他的文学创作具有多样性特点。哈代被认为是世界文学史上重要的作家之一（图 43）。

英国文坛的三朵姐妹花

夏洛蒂·勃朗特、艾米莉·勃朗特和安妮·勃朗特三姐妹出生于英国北部约克郡的豪渥斯，她们分别写作了《简·爱》《呼啸山庄》和《艾格尼丝·格雷》这三部著名的作品。作为英国文学史上罕见的同家族、同时代的女作家，她们被并称为"勃朗特三姐妹"（图 44）。

"勃朗特三姐妹"走上文学道路很大程度上是受了家庭环境和成长过程的影响。她们的母亲在她们很小的时候就去世了，而她们的两个姐姐在十多岁时也因为患上伤寒，死在了纪律森严、有虐童现象的寄宿学校。夏洛蒂和艾米莉也在那所寄宿学校就读过，犹如地狱的生活在她们弱小的心灵烙下了深深的烙印。好在，两个姐姐死后，她们的父亲把她们接回了家中。

三姐妹的父亲帕特里克·勃朗特曾在剑桥大学进修，才华卓越，出版过诗集和散文集。帕特里克具有进步的民主思想，他提倡自由宽松的家庭教育，鼓励女儿们阅读各类书籍报刊，提高文化修养。受父亲的熏陶，勃朗特姐妹们也都热爱文学。20 岁时，夏洛蒂曾经给当时德高望重的诗人骚赛寄去了自己的几首短诗，骚赛回信说，"文学不能也不应该是妇女的终身事业"。夏洛蒂虽然很伤心，但她不甘心放弃自己的文学理想，还是跟两个妹妹一起坚持写作。

后来，三姐妹将平时所写的诗歌汇集成一册后自费出版，用假名署名。虽然只卖出了两本，但三姐妹仍大受鼓舞，从而更加热情地投入创作中。一年后，夏洛蒂和艾米莉、安妮分别写出了长篇小说《教师》《呼啸山庄》和《艾格妮丝·格雷》。这三部小说寄给出版商后不久，三姐妹得到消息说《呼啸山庄》和《艾格妮丝·格雷》可以出版，但夏洛蒂的《教师》将被退回。夏洛蒂不服气，一口气又写了另一部长篇小说，也就是《简·爱》。

作为一部公认的艺术杰作，《简·爱》对后世英美作家产生了重要影响。虽然这部小说具有很明显的浪漫主义色彩和18世纪哥特式小说的神秘韵味，但从总体上说，《简·爱》反映了19世纪英国的现实生活，是一部现实主义小说。《简·爱》中，孤儿院中的小姑娘海伦的形象，就是以三姐妹的姐姐玛丽亚为原型的，而简·爱对自己命运的抵抗则代表着19世纪正处于萌芽状态的欧美女性运动。此外，《简·爱》中的许多环境描写也是根据夏洛蒂的生活经历或者当时英国社会现实改编的。其中最明显且具有典型意义的，是对孤儿院的描写。她把自己和姐妹们在寄宿学校的经历放到书中的孤儿院中去，以第一人称去痛斥现实的丑陋，加深了这部作品的现实意义。

《简·爱》最大的特点是人物的个性化。夏洛蒂在写作之前就决定塑造这么一个"新型的女主人公"：她虽然同作者本人一样"矮小丑陋"，但将会比两个妹妹书中的女主人公还要美丽，而且绝对能够引起读者兴趣。简·爱这一艺术形象便是由此而来，她身上体现出来的个性及她的人格魅力，证明夏洛蒂的塑造成功了——简·爱不仅具有新型女性敢于争取自由、幸福、独立这样的共性，同时又极具个性。

夏洛蒂通过一连串的事件，描写了简·爱从压抑感情，到感情迸发，又到理智与感情趋于统一这一心理过程。这样一来，不仅简·爱的形象变得立体生动起来，她人性中所具有的智慧与感情相结合的崇高而优美的美也得以彰显，而这也正是《简·爱》及夏洛蒂能够取得成功的原因。

《呼啸山庄》的作者艾米莉·勃朗特一生只活了30岁，也只留下这一部小说，但她在英国文学史上的成就却是重大的。她所著的《呼啸山庄》，无论是在思想表达上还是文学艺术上，都比她的姐姐夏洛蒂的《简·爱》更具有价值。

艾米莉具有丰富的艺术想象力，她以自己的家乡约克郡为故事背景，描

【图44】 勃朗特三姐妹塑像

写了一个与自己的生活经历和人生经历出入都极大的恩怨情仇故事。此外，艾米莉还非常善于发挥自己的优势，利用自己对乡野的熟悉，在文中极力描写环境，渲染故事氛围。这一点，从书名就可以看出来。

另外，《呼啸山庄》最显著的艺术成就是艾米莉运用了一种与众不同的叙事手法。她以第一人称来讲述故事，但讲述者的身份却不是固定的，而是有两个主要叙述者和五个次要叙述者。这种不拘一格的叙述方式打破了传统，使故事极具跳跃性、戏剧性，大大吸引了读者。然而，因为这种写作方式在当时太过于超前，不被读者乃至同行作家所接纳，所以曾被评论家指责为"乱七八糟、胡拼乱凑、不成体统"。《呼啸山庄》在问世之初曾受到当时文学评论家的贬低，称它是一部粗制滥造的作品。然而，随着时代的演变，读者及文坛对它的评价越来越高。人们逐渐意识到这部小说独特的文学艺术特色，以及它传达的思想理念。

《呼啸山庄》的叙事手法在当时十分超前，既有书信体小说多重叙述的风格，又有现代小说才有的顺叙交杂倒叙的写作手段。这种写作有利于作者在文中不断设置悬念，吸引读者不断地去探究故事的神秘。而这种精巧的布局也更有利于作家从多角度去表达自己对生命、爱情、人生、社会的思考，使得小说更具独特魅力和价值。今天，《呼啸山庄》被西方评论家说成是一部不属于作者那个时代，而属于后来时代的作品。艾米莉写作中运用的某些手法跟 20 世纪现代小说的风格非常相似，而《呼啸山庄》的主人公希斯克利夫所表现出的极端的感情和人性的复杂也是现代小说中才出现的。

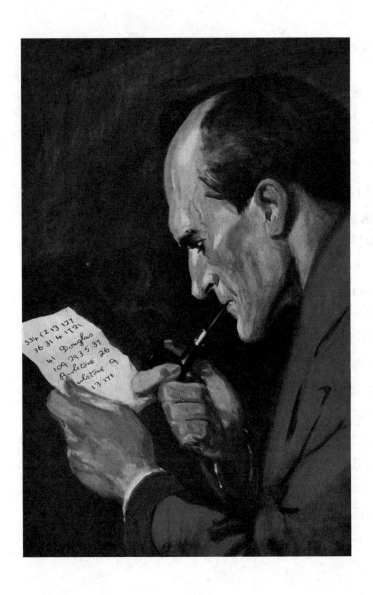

【图45】 福尔摩斯

造就了福尔摩斯的那个人

亚瑟·柯南·道尔（以下简称"柯南·道尔"）是英国文学史乃至世界文学史上著名的侦探小说家，他的作品《福尔摩斯探案全集》举世闻名，而福尔摩斯和华生医生的名字也妇孺皆知，他因此被誉为"世界侦探小说之父"。

柯南·道尔自幼喜欢文学，但他并没有接受过正规的文学写作教育。他长大后进入爱丁堡医科大学学习，毕业后一度从医。因为工作不顺，且他发现自己对文学的热爱仍未消减，于是开始尝试创作。他给当时有名的《康希尔》杂志投了无数次稿件，然而收效甚微。就在柯南·道尔对自己的写作能力产生怀疑时，他的一位老师给了他灵感。

这位老师是爱丁堡大学的教授约瑟夫·贝尔博士，他眼睛犀利，善于观察人。一次，他在柯南·道尔的诊所里指着一位病人对柯南·道尔说："你看他，右膝盖严重磨损，这说明他是个左撇子鞋匠。"事实证明，他是对的。受这件事启发，柯南·道尔对推理产生了兴趣，并开始转向推理小说创作。

1887 年，柯南·道尔完成了他的第一部侦探小说《血字的研究》，福尔摩斯（图 45）和华生医生第一次在他的小说中露脸。《血字的研究》虽是柯南·道尔在侦探小说上的初次尝试，却也是后来公认的经典之一。这部作品起初在投稿时一再被拒，后来一家名为沃德·洛克的出版公司认可了这部新作，结果出版后反响巨大。两年后，柯南·道尔写出了第二部中篇《四签名》。这部小说引起的轰动比《血字的研究》更为巨大，可以说，它是柯南·道尔的成名作。此后，各路杂志和出版社纷纷前来约稿，于是柯南·道尔决定弃医从文，将精力全部投入到小说创作中。

1893年，柯南·道尔写了《最后一案》。为了寻求突破，他本想停止侦探小说的创作，于是让福尔摩斯在《最后一案》的激流中死去。然而，这个结局引起了广大读者的愤慨。他们认为作者太残酷了，并因此提出抗议。柯南·道尔没想到自己的作品竟有如此魅力，只好继续写侦探小说，并在《空屋》一篇中让福尔摩斯死里逃生，"复活"过来。在此后的作品中，最为著名的是《巴斯克维尔的猎犬》。

柯南·道尔塑造的福尔摩斯不仅是一个聪明的侦探，还是一个正直善良、极具正义感且让人信赖的侦探。福尔摩斯始终是谦虚低调的，这使得他更具有魅力。此外，柯南·道尔的聪明之处还在于刻画福尔摩斯时，赋予了他"顶级侦探"才具有的一种权威。很多时候，当福尔摩斯针对案情提出见解时，他并没有做出解释。而办案的相关人员即使不了解他的结论由何而来，对他也完全没有异议。

作为侦探小说家，柯南·道尔最擅长之处当然是通过巧妙地构思情节，来勾起读者的好奇心。就小说的结构而言，柯南·道尔设置悬疑的模式是一样的：委托人向福尔摩斯求助，交代案情症结，福尔摩斯做出推理判断，解决问题后向读者解释推理过程。模式虽然固定，但却不会让人感觉重复，因为柯南·道尔往往会在福尔摩斯破案的过程中加入各种离奇的情节，有时候他甚至给福尔摩斯制造破案的困难。这样一来，更加大了故事的悬疑性。

《福尔摩斯探案全集》的语言风格独具特色，这也是它受大众喜爱的原因。侦探小说有别于以往传奇小说、爱情小说等题材，它讲究的是故事性、对读者的好奇心的引逗。柯南·道尔虽然是此类作品的第一个探索者，但他却非常明确这一点。他的文笔流畅，语言简洁，能够抓住要点，巧妙地把读者引入故事中。

柯南·道尔不仅开创了侦探小说的创作模式，还通过作品传播了病理学、地理学、心理学、逻辑学等相关学科知识。英国著名小说家毛姆曾说："没有任何侦探小说能够与柯南·道尔所写的《福尔摩斯探案全集》相比。"

福尔摩斯的灵感来自爱伦·坡

　　爱伦·坡是 19 世纪的美国诗人、小说家和文学评论家，也是美国浪漫主义思潮时期的重要成员之一。爱伦·坡是个极有文学天赋的人，但一生经历极为坎坷。他父母早亡，长大后进入西点军校，投笔从戎，但因违反军规被开除。他一生以为报刊写文章为生，但始终过着穷困潦倒的生活。妻子死后，他常常借酒浇愁，40 岁时，被人发现倒在巴尔的摩的一条大街上，很快就死了。

　　爱伦·坡的一生虽然短暂，但创作了 70 多部短篇小说，分别收录在《述异集》《毛格街血案》和《故事集》里。爱伦·坡的小说大致分为惊悚小说和推理小说两类。其中《毛格街血案》塑造了一个具备古怪才能和超常分析力的侦探——杜宾。他在分析了莫格街谋杀案的蛛丝马迹后，判断杀人凶手不是人，而是一只大猩猩。为此，他在报纸上登了一则广告，果然，不久以后就有个水手登门自首：他从海外带回来一只猩猩，结果猩猩趁机溜走，犯下杀人大罪……

　　半个世纪以后，杜宾的能耐和形象被柯南·道尔安插在他塑造的破案大师——福尔摩斯的身上，而爱伦·坡也因此成为侦探推理小说的鼻祖。

以诗为剑的海涅和普希金

亨利希·海涅是 19 世纪德国著名的诗人、文艺批评家和政治家，他最大的成就是将德国文学从浪漫主义转向现实主义，因此在德国文学史上占有重要的地位。

海涅中学时代就开始写诗，那时候德国文学还盛行浪漫主义，海涅的作品也都属于浪漫风格。30 岁之前，海涅完全被浪漫主义熏陶。他的写作受拜伦的影响最深，以致他曾一度被称作"德国的拜伦"。从他 1825 年发表的第一部诗集《歌集》中可以看出这个影响。这部作品收录了海涅早期的抒情诗，大多抒写他个人的经历、感受、憧憬，感情真挚，语言优美，具有明显的浪漫主义色彩。《歌集》的出版使得海涅一举成名，奠定了他在文坛上的地位。

1829 年，因身体健康需要，海涅去到了黑尔戈兰岛静养。在他静养期间，法国七月革命爆发。他不顾有病在身，毅然前往巴黎。在巴黎，他结识了许多大作家和大艺术家，如巴尔扎克、大仲马、雨果、乔治·桑、肖邦等。此后，除了几次短暂的回国旅行，海涅的人生几乎都是在巴黎度过的。

丰富的人生经历开阔了海涅的视野，而广泛地与不同体系的文学家、艺术家的接触，又使得他对文学、艺术的认识有了进一步提高。自 1833 年起，海涅不断地发表文学评论类及讲述德国哲学历史发展的文章。这些作品一开始是发表在法国的报纸上，稿费低廉。而德国相关文学审查机构将海涅归属于"青年德意志派"作家，禁止他的作品出版。海涅没有收入，只好接受法国政府的救济，他因此被国内反对他的人说成是"法国的走狗"。

处在法国和德国之间，海涅感到一种没有归属的尴尬。顶着这种尴尬，他曾在结婚两年后即1843年重返祖国。当重新踏上祖国的领土时，他既有对祖国山河之美的感叹，又有对丑恶的社会现实的愤慨。这次返程，使他在心里产生了创作一部"新的诗歌"来激发祖国人民重建德国的念头。从德国回到巴黎后，他便开始了创作。创作过程中，他结识了同样流亡巴黎的马克思。1844年，海涅的长篇政治讽刺诗《德国，一个冬天的童话》完成。经马克思介绍，它发表在了由德国流亡者组织在巴黎办的《前进》报上。

《德国，一个冬天的童话》表现了海涅在19世纪40年代的激进思想，以及他文学创作中鲜明的转变倾向。它以海涅1843年和1844年两次回国的见闻为写作题材，揭露了代表封建势力的德国反动政府的种种丑陋行为，讽刺了他们的虚伪、腐朽。长诗中，处处可见作者对德国种种不合理制度的讽刺和批判。

虽然这部长诗仍具有些许的浪漫特征——从题目中就可以看出来——但它的浪漫主义色彩更多是为了反衬现实。海涅将这两个明显不同的文学笔调结合起来，使得本来很枯燥的现实主义讽刺诗篇更具有了可读性。另外，他在文中运用幽默的调侃，以及全诗采用带有故事情节的游记结构，也使得这部作品的艺术特色更加明显。可以说，《德国，一个冬天的童话》开创了德国新诗派即现实主义诗派，它被认为是世界文学史上的佳作之一。

几乎与海涅同时代出生的另一位伟大诗人，是俄国的普希金（图46）。亚历山大·谢尔盖耶维奇·普希金少年时进入当地的贵族学校学习，接受了进步教师的思想，形成了自己特有的生活观、文学观及政治观。学习期间，他加入学校的进步文学社团，结识了一批进步知识分子。毕业后，在外交部任职的他又接触了一部分后来的十二月党人。所谓"十二月党人"，是指1825年12月领导武装起义，反对农奴制度和沙皇专制制度的俄国贵族革命家。受这些人的影响，普希金创作了一系列以自由为主题的诗作，这些诗歌后来被人们称为"政治抒情诗"。

【图 46】 普希金

此外，普希金还写了许多影射沙皇及其宠臣的讽刺短诗。普希金创作的涉及政治的诗歌在社会上引起了巨大的反响，沙皇亚历山大一世认为他威胁社会稳定，于是以派遣为名将他流放到了南方。

在南方的 4 年期间，普希金沉醉于大自然的雄奇壮丽的美景，心中对自由的渴望与向往更加强烈。他满怀深情，写下了大量的抒情诗及多部长诗，这些作品极具浪漫主义色彩，是俄罗斯浪漫主义诗歌的重要代表。

1824 年，普希金的一封私人信件被沙皇秘密警察截获。信件中某些涉及无神论的观点再次惹怒了沙皇，亚历山大一世于是对普希金处以更严厉的惩罚。普希金被撤去公职，流放到了他父母的领地米哈伊洛夫斯克村。在那里，他依然拿起笔抗争，写下了著名的短诗《假如生活欺骗了你》、诗体长篇小说《叶甫盖尼·奥涅金》的部分章节及历史剧《鲍里斯·戈都诺夫》。

《假如生活欺骗了你》只有短短 8 句，原本是普希金写来赠给一位 15 岁女孩的。这位女孩的家人给普希金幽闭的生活带来了些许乐趣，他借诗歌勉励女孩在将来的人生中勇敢面对挫折，其实也代表了他对生活仍抱有憧憬，以及他具有的坚强乐观的精神。这首诗打破了诗歌不宜说理的传统，以平等随和的语气道出浅显易懂却又激励人心的道理。它的诗句清新流畅，作者的感情热烈深沉，犹如在真切地与读者交流。因此，这首诗常被后人们当作座右铭。

诗体长篇小说《叶甫盖尼·奥涅金》是最能代表普希金诗歌成就的作品，它塑造了奥涅金这一"多余人"的形象。"多余人"最突出的特点是他们出身优越，心怀崇高理想，对现实不满，然而却缺少行动，与世人格格不入。可以说，他们是"思想上的巨人，行动上的矮子"。这一形象是在屠格涅夫发表中篇小说《多余人日记》之后才广为流传的，不过普希金在《叶甫盖尼·奥涅金》中塑造的奥涅金才是这一类人的"始祖"。

普希金一生只活了 38 年，他经历过两次流放，大部分时间都是在沙皇政府的监督中度过。在生命中的最后几年，他越来越无法容忍黑暗的沙皇统治及他们对自己的迫害。1837 年，在他与妻子被人诬陷后，普希金提出与追求自己妻子的法国军官丹特士决斗。他在决斗中受重伤，两天后就去世了。

纵观普希金所有的诗歌，他创作的最大特点就是极其讲究语言的简洁和音韵美。他把俄罗斯的通俗语言运用到诗歌中，以精练、流畅的高要求创造出了可以作为典范的俄罗斯文学语句。

以《叶甫盖尼·奥涅金》来说，它最大的艺术特色就在于结合了诗和散文的特点，将浓郁的抒情性和自由的叙事风格完美地呈现出来。普希金对人物个性的塑造、环境的描写及心理的刻画，都达到了当时俄罗斯文学的最高水平。最重要的是，这部作品没有了普希金以往作品的浪漫主义色彩，而是以现实主义手法去写。相比欧洲现实主义的奠基者巴尔扎克、狄更斯等，普希金创作中体现出的语言运用能力及讲叙故事的手段，毫不逊色。普希金因此被认为是现代标准俄语的创始人，高尔基则赞誉他为"俄罗斯诗歌的太阳"，又有人称他是"俄国文学之父"。

俄国革命的"镜子"——列夫·托尔斯泰

　　列夫·托尔斯泰（图47）是19世纪后期俄国最伟大的批判现实主义作家，也是世界上公认的最伟大的小说家之一，列宁称他为"俄国革命的镜子"。他从24岁开始创作，一直到生命的最后一年还在写作。他的创作生涯长达60年，是俄国创作时间最长、作品数量最多、影响最深远的作家。他的长篇巨著《战争与和平》《安娜·卡列尼娜》及《复活》为他赢得了世界一流作家的声誉，这三部作品至今仍然是世界文学史上不朽的名作。

　　托尔斯泰出生于俄国一个贵族庄园，父亲是一个伯爵。1844年，他进入大学。由于对学校教育不满，他重返故乡，因此他的大半生都是在自家庄园里度过的。他最初发表的作品以带有自传性质的居多，处女作《童年》及后来的《少年》和《青年》构成了他的自传三部曲。1862年，托尔斯泰与18岁的沙皇御医的女儿索菲亚·安德烈耶夫娜·托尔斯塔娅结婚。得益于妻子对庄园的有效打理，托尔斯泰有了更多的时间投入创作。第二年，他开始写作《战争与和平》。1869年，他完成了整部作品。

　　《战争与和平》是一部历史题材的长篇小说，它以俄国1812年的卫国战争为中心，以包尔康斯基、别竺豪夫、罗斯托夫和库拉金四大贵族家庭的纪事为线索，描写了1805年至1820年间的俄国重大历史事件。这部作品的最突出的艺术特点是它宏大的结构和严整的布局。它描绘了559个人物，人物身份上自皇帝大臣，下至商人农民，场面浩大，事物繁多。作者还不吝笔墨，

【图 47】 ［俄］列宾《赤脚的托尔斯泰》

将他们塑造成性格迥异而又有血有肉的形象，全面反映了时代风貌。此外，他又通过描写战争中前方与后方、国内与国外、军队与百姓、上层与底层的关联，将"战争与和平"这一关系主体深刻地表现了出来。

这部小说不仅规模宏大，而且以创新的对比方法来刻画人物，超越了欧洲长篇小说的传统规范，因此被称为"世界上最伟大的小说"之一。在《战争与和平》问世之时，俄国社会正处于急剧变化中。托尔斯泰目睹了社会中存在的种种恐怖现象，思想也发生了改变。这种改变在他之后创作的《安娜·卡列尼娜》中体现了出来。

《安娜·卡列尼娜》（图48）是托尔斯泰于1873到1877年间创作的作品，它是一部以家庭生活为题材的长篇小说。它通过描写两对恋人的感情发展，将俄国变革时期彼得堡上流社会的丑陋、沙皇政府官僚阶级的腐朽展现了出来。安娜所处的时代是俄国封建贵族阶级与新兴的资产阶级处于激烈斗争中的时代，这时，国家的政权及社会舆论仍受贵族阶级掌控。安娜作为一个身份地位本就低下的女性，却有着追求个性解放的新兴资产阶级思想。她的格格不入注定了她的爱情追求只能是个悲剧。同时，作者又以列文与吉提的结局，表达了他保留宗法制农村社会，以期避开资本主义道路，使得革命不必"流血"的这一主张。小说体现出的矛盾思想，是托尔斯泰现实中存在的思想斗争的反映。

《复活》是托尔斯泰晚年最重要的作品，它是一部以忏悔为主题的道德教诲小说。它对沙俄的法律、政府、监狱、贵族阶级，以及整个国家机器和官方教会，都进行了无情的抨击。玛丝洛娃蒙冤被告，只因为身份地位低下就失去了作为一个人的权利。她向枢密院上诉，枢密院不问是非曲直就驳回了她的上诉。通过这样的描写，托尔斯泰表达了自己对遭受不幸的下层人民的深切同情，同时暴露了沙皇专制政府的黑暗。

小说中多次出现这样的控诉和主张："革命，不应该摧毁整栋大厦。""不以暴力抗恶。""爱仇敌，帮助敌人，为仇敌效劳。"……这种极具激情的批判，一方面反映了托尔斯泰对统治阶级的不满，另一方面也反映了他思想的局限性。然而，这并不妨碍托尔斯泰成为一个伟大的作家。或许可以说，正是这

【图48】

《安娜·卡列尼娜》插图

一思想主张，使得托尔斯泰在创作中更加细腻地去刻画人物，通过描写出他们的内心矛盾和感情变化来传达自己的心声。也因此，托尔斯泰的小说总是以人物内心世界的描写最有特色。他深入每个人物的内心，抓住他们感情变化的每个瞬间来展开故事，借此披露上流社会、统治阶级的无耻，喊出下层人民反抗的心声。

为"小人物"代言的幽默大师

安东·巴甫洛维奇·契诃夫（图 49）是 19 世纪末俄国最杰出的一位小说家和剧作家。

契诃夫出生于俄国的沿海城市塔甘罗格，他的父亲是个小商人，家境并不富裕。从中学毕业后，他考进了莫斯科大学医学系。出于对文学的爱好，以及为了赚点外快，他进入大学不久就向杂志投稿。他给当时的幽默杂志《蜻蜓》寄去了自己的处女作《一封给有学问的友邻的信》。这篇作品嘲讽了一个自以为很有学问其实肚子里没有一丁点"墨水"的土地主，它表现出来的幽默和讽刺奠定了契诃夫的创作风格。

契诃夫引人入胜的幽默讽刺手法在他著名的短篇小说《变色龙》中用得最为精彩。小说讲述金银匠向巡警奥楚蔑洛夫投诉一只狗，说这只狗咬掉了他的手指。奥楚蔑洛夫听说狗的主人是将军，但他又不确定，他因此在断案过程中不断变换自己的态度和嘴脸。最后，他得知狗是将军哥哥的狗，于是对将军府上的厨师谄媚了一番，并警告金银匠说："我早晚要收拾你！"

"变色龙"是一种蜥蜴，它们能根据周围环境很快地改变自己的肤色。《变色龙》通过描写奥楚蔑洛夫 5 次"变脸"，将他比喻为变色龙，讽刺了那些对强权谄媚，对百姓欺压的沙皇政府的爪牙们。契诃夫通过这样一个滑稽、讽刺的故事，将沙皇专制制度下警察的谄媚和怕强欺弱展露得淋漓尽致，由此有力地揭露了他们的无耻和丑恶。

【图49】 契诃夫

一般说来，一篇内涵深刻的幽默小说字数通常在千字左右。为了达到这种凝练，契诃夫在创作中力求简洁。他惯于使用开门见山的笔法来创作，在小说一开头就亮出故事的地点和人物，还在无意中制造鲜明对比，使得叙述产生强烈的幽默效果。同时，他还尽可能不浪费笔墨在人物外貌上，而是以直接或间接的讽刺幽默来突出人物性格。

契诃夫前期的作品讲究简短、幽默和讽刺性，作品风格偏向于轻快明了，大多时候还会让人发笑。他创作中虽然已经体现出了对现实的关注，但更多的只是一种呈现，还没有作深入的思考。后来，随着创作经验的积累，以及他对现实的进一步了解，他对自己作为作家的使命也有了更高层次的认识。他的小说基调在原来的基础上，出现了一种抒情式的淡淡的忧伤，表现出来的是作者对底层人物命运的同情，这一点在短篇小说《凡卡》中表现得尤为突出；到了19世纪80年代末时，受俄国革命民粹派运动失败的影响，又发展成为作者对社会、人生及艺术的探索。

除了短篇小说，契诃夫还创作了很多重要的剧本，《樱桃园》是其中最有名的一部。因为自己的剧本作品在一开始不受俄国文学界的好评，契诃夫曾有一段时间停止了剧本创作，完全投入到小说创作中。结果，事实证明，契诃夫不仅是一名短篇小说大家，也是一名重要的戏剧家。不过，在文学史上，他是作为一个幽默讽刺作家而闻名的。他的幽默讽刺作品采用开门见山的创作笔法，有着"文短气长"的简洁。契诃夫的写作手法及作品都对世界文学的发展影响很大，他与法国莫泊桑、美国欧·亨利并称为"世界三大短篇小说巨匠"。

【图 50】 国际安徒生奖奖牌

用孩子的眼睛看世界——安徒生

19 世纪的丹麦，出了一位童话大师安徒生，他被誉为"童话世界里的太阳"。安徒生一直在做孩子们的"太阳"，但他自己的一生却过得并不幸福。他长得不好看，也很穷，既不善于交朋友，也没有组建自己的家庭。他把自己的一生都奉献给了童话写作，一共写了 160 多篇童话，都收录在了《安徒生童话》里，其中有许多故事为一代又一代儿童所熟知，比如《海的女儿》《丑小鸭》《卖火柴的小女孩》《皇帝的新装》《豌豆公主》《拇指姑娘》等等。

安徒生之所以如此特别，首先在于他是西方文学史上第一位将童话当作严肃文学进行创作的作家。其次，安徒生开创了用儿童视角讲童话故事的先河，善于用一些生动但不离谱、神奇而不怪诞的故事情节讲述一个个深刻的道理。

正是因为安徒生在童话创作上取得了巨大成就，1956 年，国际少年儿童读物联盟设立了国际安徒生奖（图 50），这是儿童文学的最高荣誉，被誉为"儿童文学的诺贝尔奖"。 2016 年，曹文轩成为第一个获得该奖的中国作家。

"美国文学之父"马克·吐温

马克·吐温原名萨缪尔·兰亨·克莱门斯，他是美国 19 世纪后期杰出的小说家。

马克·吐温出生于 1835 年 11 月，由于家境所迫，马克·吐温 12 岁便开始外出谋生。在青少年时期，他做过印刷所学徒、报童、排字工人、水手和轮船驾驶员。对他日后创作影响最大的是他在密西西比河当水手的经历，他的许多作品都是以该河流域的风土人情为题材与背景，而他的笔名"马克·吐温"在英语中意思为水深 12 英尺，表示船可以通过，同时又有"水手"之意。

1861 年，美国南北战争爆发，密西西比河航运经济受到影响。马克·吐温先是跟随淘金大队伍去到了美国西部，然而他的发财梦未实现。之后，他去报馆工作，后来又到了弗吉尼亚当记者，由此逐渐登上了文坛，以"马克·吐温"为笔名的文章越来越多地出现在报纸上。

马克·吐温的成名作《卡拉维拉斯县著名的跳蛙》是根据民间传说写成的，故事幽默诙谐，具有美国西部文学的特色。当时，美国西部文学流行幽默风格，当地的报纸上几乎每天都有幽默小品。这种基于民间口头文学的创作方式影响了马克·吐温，但他并不满足于自己作品的功用仅是逗乐而已，他认为作者应该具有更高的理想，所以他经常在作品中"教训人"。

美国南北战争结束后，随着资本主义的迅速发展，美国社会上出现了追

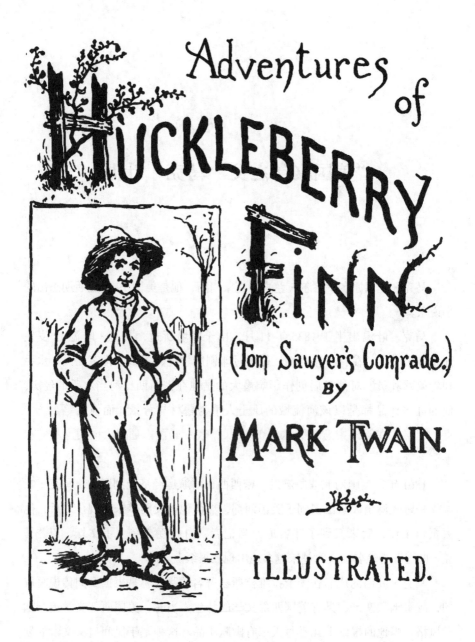

【图51】 《哈克贝利·费恩历险记》封面

逐金钱利益的拜金风气。这时，政府机关的腐败现象也变得严重。马克·吐温因此发表了众多披露金钱腐朽社会的作品，其中较为著名的有1874年与查尔斯·达德莱·华纳合写完成的第一部长篇小说《镀金时代》、中篇小说《败坏了赫德莱堡的人》，以及著名的短篇小说《百万英镑》和《三万元遗产》。此外，他还发表了儿童惊险小说《汤姆·索亚历险记》。它讲述孤儿汤姆与好朋友哈克贝利的冒险经历，批判了美国腐朽的学校教育和虚伪庸俗的社会习俗。

马克·吐温最为出色的一部小说是他在1884年发表的《哈克贝利·费恩历险记》（图51），这部作品是《汤姆·索亚历险记》的姐妹篇。它改以哈克贝利为主角，故事背景再次选择了马克·吐温熟悉的密西西比河。

无论在思想上还是艺术上，《哈克贝利·费恩历险记》都要比《汤姆·索亚历险记》优秀得多。马克·吐温同时采用了现实主义和浪漫主义的手法，他一面展示了南北战争前密西西比河岸一带城乡的贫困与丑恶，一面在刻画哈克贝利和吉姆追求自由幸福的形象时，以浓郁的抒情笔调赞美了密西西比河的优美。在刻画人物时，他使用了两种截然不同的方法：在描写"国王"和"公爵"这两个骗子时，他用了漫画式的夸张和诙谐；在突出哈克贝利与吉姆的形象时，他则以细腻的心理描写来增强真实感。

此外，小说以十二三岁的哈克贝利作为叙述者，采用了第一人称叙述手法。马克·吐温站在孩子的角度来表达他们对生活的理解和对纯真的向往，这使得小说所要传达的主题更加明确清晰且合理，在幽默讽刺的同时还增添了童趣。这种写法突破了传统历险小说以大人为角度的写作方式，海明威因此指出"一切现代美国文学都来自马克·吐温的《哈克贝利·费恩历险记》"，并认为它是最好的书。

马克·吐温的小说中还具有另一个突出的特点：他热衷使用美国南方方言、黑人俚语，使得行文流畅、准确。这种口语化的写作开创了一代文风，对美国以后的小说创作产生了重大的影响。马克·吐温的这一语体创作被称为"英语的新发现"，福克纳称他为"美国文学之父"。

第七章

主流之外的硕果：
自然主义和其他文学流派

（19世纪）

19世纪的欧美文学以批判现实主义为主，但仍存在三个重要流派：自然主义、唯美主义和象征派。自然主义是由现实主义衍生而来的，该流派最重要的代表左拉曾经说过，巴尔扎克是"自然主义小说之父"，而左拉本人早期的写作也是现实主义风格。左拉的代表作是汇集了20部长篇小说的巨作《卢贡－马卡尔家族》。唯美主义和象征派的代表分别是英国的王尔德和法国的波德莱尔，前者以童话闻名于世，后者的代表作《恶之花》开创了现代主义风格。

【图52】 ［法］爱德华·马奈《爱弥尔·左拉》

把自然引入文学的左拉

　　爱弥尔·左拉（图52）出生于巴黎，他从小热爱文学，20多岁时在阿舍特书局工作了4年。在进入书局之前，他的文学创作以诗歌和短篇小说为主。进入书局后，他广泛地阅读了福楼拜、巴尔扎克、泰纳等现实主义作家的作品，写作倾向开始转向现实主义。

　　自然主义的先驱是法国作家龚古尔兄弟。他们开创了从生理和病理学方面去研究人的先例，提出从自然的正常存在的事物如本性欲望、疾病、个人性格等方面去搜集"人的资料"，为自然主义开辟了道路。从龚古尔的小说中可见，自然主义跟现实主义有相似之处，它是后者演变而来的。

　　1867年发表的《苔蕾丝·拉甘》是左拉的第一部自然主义小说，从这部作品中可见龚古尔兄弟对左拉的影响。后来，他又相继发表了长篇小说《小酒店》和《娜娜》（图53）。这两部小说给左拉带来了巨大的声誉，但同时也因内容挑战大众的接受能力而使他遭到猛烈抨击。左拉为了回应批评，暂停了小说创作，出版了5部论文集来论述自己的创作理念，确立了自然主义文学理论。有关这个理论思想，具体阐述在他的《实验小说》《戏剧中的自然主义》《自然主义小说家》这3部论文作品中。

　　在确立自然主义文学理论时，左拉提到，创建了现代小说风格的巴尔扎克是"自然主义小说之父"，而在此前最具自然主义风格的小说是福楼拜的《包法利夫人》。左拉主张作家要像福楼拜那样，在叙述故事的时候完全隐匿

【图53】 ［法］爱德华·马奈《娜娜》

自己，而只是陈述事实，犹如一个冷漠的解剖学者。他借用富尔蒂埃尔词典中对"自然主义"的解释"通过机理法则解释事情，不去寻求天生的原因"，提出了自然主义文学概念：在文学创作中，以一种追求纯粹的客观性和真实性的态度，将现实完全地展现出来，乃至使作品给人一种实录的印象。

自然主义的另一个艺术特点是注重描写宏大的群众场面，而不是塑造某个人物的性格特点。自然主义作家们借用描写环境的气场，衬托人物的气质或者表现出他们变态的一面。

《卢贡－马卡尔家族》是左拉作为自然主义派作家的代表作，这是一部包括 20 部长篇小说的巨作。它构思于 1868 年底，创作于 1871 年到 1893 年，收录了《小酒店》《娜娜》及后来的《萌芽》等左拉的著名作品。这套巨著以马卡尔家族为叙事主线，故事时间跨度从拿破仑三世上台，到 1870 年普法战争时法国在色当失败。通过讲述这段时期一个家族的自然史和社会史，揭露了灾难与政变对百姓的危害。其中，社会史是这套小说的主要内容。整套书中对社会历史变迁的多处描写可见左拉的自然主义创作倾向。

《萌芽》是左拉最出色的小说，它是《卢贡－马卡尔家族》的第十三部作品。小说以矿区为背景，以矿工斗争为题材，描写了法国具有社会主义思想的工人阶级运动，是第一部正面描写工人罢工的小说。它成功塑造了无产者的英雄形象，展现了资本主义社会存在的罪恶现象，提出了重大的社会问题。左拉以自然主义风格描写宏大的罢工场景，又运用象征手法将煤矿阴暗的环境和沉重的气氛描绘了出来，使得小说增添了一种悲壮的色彩。

【图54】 ［法］巴齐耶《巴齐耶的画室》（从左至右依次为雷诺阿、左拉、马奈、莫奈、巴齐耶、埃得蒙·迈特尔）

左拉和马奈

左拉不仅是个大作家，还是一个出色的艺术评论家。他和当时的印象派画家群体一直保持着非常友好的关系，尤其与印象派鼻祖马奈的关系更是可以用亲密无间来形容（图54）。为了让人们了解印象派的作品，他还写了一本书《拥护马奈》。在这本书里，他用作家的优美笔触，把马奈的性格、画风、作品等依次娓娓道来，让读者对马奈的风格和作品，乃至印象派的画风有了更深入的理解和感悟。而马奈也是投桃报李，不仅为左拉画像，还为其作品《娜娜》画像。他们的关系如此之好，以至于左拉30年的发小、同样也是名画家的塞尚不无嫉妒地说："我爱左拉，但左拉爱马奈。"

为美而活的王尔德

　　奥斯卡·王尔德，英国著名的作家、诗人、戏剧家、艺术家、童话家，还是英国唯美主义艺术运动的倡导者。

　　唯美主义是指一种强调艺术作品的主观性、纯粹性和无功利性的思想，它具体包括三点：第一，主张"为艺术而艺术"，而不是为了金钱、名誉或其他目的，它跟政治甚至道德是没有关系的。第二，认为艺术高于一切，包括生命、上帝，提出"艺术是心灵的故乡"的主张。第三，否定现实社会，提出艺术应该远离市侩之气，超然于世，同时认为生活应该模仿艺术、追随艺术。

　　奥斯卡·王尔德是唯美主义的代表，这跟他的成长和学习经历有关。他1854年生于爱尔兰都柏林的一个文化家庭，父亲是一个外科医生，也是一位爵士，母亲则是一名诗人。王尔德继承了母亲的才华，自幼聪慧，精通法语、德语和拉丁语。从都柏林圣三一学院毕业时，他获得了全额文学奖学金，后来又进入牛津大学莫德林学院学习。在牛津，王尔德受到了英国唯美主义运动代表沃尔特·佩特及艺术家约翰·拉斯金的影响，为之后成为唯美主义先锋作家确立了方向。

　　王尔德一生中写过9篇童话，最著名的是《快乐王子》《夜莺与玫瑰》和《巨人的花园》。此外，他还有诗歌、戏剧、长篇小说、散文、书信、短篇小说等多种形式的作品存世。但童话作品最能够集中表现王尔德的唯美主义艺术理念。比如他的童话代表作《巨人的花园》，讲述了一个巨人对美的态度的转变，由原来"自私地占有"转变为"让美成为美，展现它的美"。这表明了王尔德认为美是一种独立的生命，它不应受任何人心欲望主宰，而是自然而然地存在着。这一思想跟英国唯美主义代表罗斯金的审美看法相契合。罗斯金认为美有两种，一种是"典型的"，如建筑、工艺等无机物体具有的不可辩驳的美，一种是"生命"的美，也就是生物身上体现的美。

长篇小说《道连·格雷的画像》是最能体现王尔德艺术才华的作品，小说的结局充分体现了王尔德艺术至高无上的观点。关于这一点，在他的对话录《谎言的衰朽》中有更加明确的表示。他指出艺术家不应有任何功利目的，因为"艺术自有独立的生命"。他还强调"唯一美的事物就是与我们不相关的事物"，现实社会是丑恶的，生活中美的形式十分贫乏，全靠艺术家为生活提供美的形式。

王尔德不仅是以他的作品来表现他对纯粹的美和生命的追求，他的人生可以说就是一部"唯美主义"作品。王尔德认为真正的爱就是生命本身、艺术本身、美的本身，它不需要解释，没有目的，是自然的、智慧的。他的唯美主义理想及相关理论至今仍值得人深思。

"塞满了思想"的诗集《恶之花》

象征派，顾名思义是指某个事物象征另一个事物，具有它本身没有的意思。象征派艺术是由哲学上的唯心主义发展而来，在文学创作中，它表现为通过暗示、烘托、对比、联想等手段来传达意思，展示人物的内心。象征和比喻相似，但又有所不同。比喻侧重在形象上把两个事物关联起来，而象征则是从内在上关联两者。一个简单的例子，狮子的形象在比喻中常用来指一个具有巨大威力的人，但在象征中，它不一定指人，也可以是一种力量。

象征派产生于法国，法国作家夏尔·波德莱尔是象征派的先驱，同时是法国 19 世纪最著名的现代派诗人。他的代表作《恶之花》充分运用象征手法，是象征派文学的典范。

波德莱尔（图 55）1821 年出生于巴黎，1857 年发表诗集《恶之花》。这部作品他构思了 15 年，用他自己的话来说，不是一本纯粹的合集，而是"有头有尾"的一部诗集。它包含了一百多首诗，分为六大部分，系统而有序地刻画了一个诗人对人生的探索历程，它的内容既有对现实的描绘，也有作者的议论，这些使它成了一部丰富且深刻的诗集。

对丑陋和恶的描写，是这部诗集的主题之一。在文中，多次出现了孤儿、女乞丐、老妓女、赌徒等处于社会底层的"贱民"形象，以及对丑陋、恶心事物的描写，而最精彩的是波德莱尔对个人苦闷心理的描写。六大部分中，除了第二部分《巴黎风光》是间接地通过场景和外界来突出诗人的忧郁，其

【图55】 ［法］库尔贝《波德莱尔的画像》

他五部分都是直接呈现这种忧郁的。在这本书中，诗人另辟蹊径，以不同方式组合词汇，把自己心底的迷茫乃至对自己的痛恨，以别样的形式表现出来，使得整部诗集从头到尾都笼罩在巨大的精神压抑之中。

作为象征派代表的经典之作，《恶之花》最为突出的艺术特色是对象征手法的运用。在波德莱尔的笔下，不止希望和烦恼可以拟人化，爱情、时间、愤怒、偶然、错误、美丑、善恶等都可以拟人化，它们被描绘成一种奇妙的带有色、香、音的真实的东西。他力求运用联想，将传统的深奥无形的诗歌语言化为更具体的事物。他以"慵懒的花园""新鲜的肉枕"这样的词语形容大画家鲁本斯的油画，以"木偶""残缺的怪物"比喻贫穷的老太婆，这些都是他努力开启新的诗歌语言的证明。波德莱尔曾说过一句话："我整个的创作的一生都用来学习构造句子。"福楼拜认为波德莱尔做到了，他评价说波德莱尔的诗歌极具独创性，且"句子塞满了思想，以致都要爆裂开来"。

第八章

文坛多棱镜:
20 世纪欧美及俄苏文学

（20 世纪）

20 世纪的欧美文学仍以现实主义为主，是对 19 世纪批判现实主义的继承和发展。这一时期的现实主义文学受到整个世界历史变迁的影响，不同国家之间的文学创作既具有共性又具有鲜明的差异性，呈现了精彩纷呈的文学现象。受欧洲优秀的现代文学成果的影响，20 世纪的俄苏文学呈现出缤纷多彩的景象，但现实主义文学是整个 20 世纪的俄苏文学中取得成就最高的文学流派。

上：【图56】 1959年英文版《约翰·克利斯朵夫》插画

下：【图57】 罗曼·罗兰

音乐小说《约翰·克利斯朵夫》

　　《约翰·克利斯朵夫》（图56）是法国著名作家罗曼·罗兰（图57）的代表作，它通过主人公的一生反映了世纪之交时代的风云变化，是一部具有重要历史意义的现实主义作品。

　　罗曼·罗兰1866年出生于法国中部的克拉姆西，他从小喜爱文学，尤其热爱雨果和莎士比亚。阅读了大量文学作品后，十五六岁的罗兰就对人生进行了深层的思考。他还给当时的大作家托尔斯泰写过一封信寻求生活的答案。托尔斯泰给罗兰回复了一封长达二三十页的书信，信中托尔斯泰阐述了自己的人生理想、艺术观念及世界观、价值观。这封信影响了罗兰的思想和日后的创作。

　　罗兰最初的创作方向是戏剧和名人传记。他写作了7部反映法国大革命的历史剧和《贝多芬传》《米开朗琪罗传》《托尔斯泰传》3部名人传记。后来，这3部名人传记合成了一本书，就是人们熟知的《名人传》。这3部名人传记以散文体写成，开创了传记文学的先河。罗兰为名人写传的动机非常崇高，用他自己的话来说是让世人"呼吸到英雄的气息"。这一动机的形成跟托尔斯泰此前在回信中鼓励他"为人类崇高的理想而奋斗"有关。

　　在进行剧本创作的时候，罗兰已经开始构思写作一部长篇。1904年，在完成《贝多芬传》之后，他开始创作小说《约翰·克利斯朵夫》。1912年，罗兰完成了这部作品。

　　小说主人公约翰·克利斯朵夫是个德国人，出生于莱茵河沿岸的一个小城。他原以为经历了大革命的法国会是一个清明、自由的幸福国度，没想到它同样是一个被金钱、权势腐蚀的污浊社会，无论政治还是文艺都不堪入目。在法国，克利斯朵夫进步的思想意识不仅同样得不到上流社会的理解和支持，还数次被迫逃亡，等后来回到法国时，他已经变成了一个失去了棱角的音乐家。克利斯朵夫晚年避居意大利，不问世事，只在音乐中寻找平静。

　　小说中对克利斯朵夫的塑造，多处可见罗兰的人道主义精神。克利斯朵夫的家庭环境虽然优越，但同时具有封建的上下尊卑的传统习俗，这促成了克利斯朵夫反抗压迫、追求自由解放的个性。他甚至瞧不起在父亲面前低三下四的母亲，看不惯满身铜臭味的伯父而朝他脸上啐了一口。当大公爵呵斥他的叛逆时，他毫不畏惧地反驳道："我不是你的奴隶，我说什么写什么你管不着。"描写克利斯朵夫在法国看到面包工人罗赛一家的惨死时，罗兰用了"社会的灾难"来形容，从中可见他对工人阶级受压迫命运的同情。罗兰还在小说中讽刺了"进步"的资产阶级文化和精神的腐朽堕落，他指出巴黎的艺术家、文人都不过是"为金钱而艺术"，他们的作品中"弥漫着精神卖淫的腐臭"。

　　《约翰·克利斯朵夫》最独特的艺术风格在于，它虽然庞大复杂，却条理清晰、主次分明。从结构上看，它的各卷各章节安排得当，有序曲、发展、高潮和尾声，犹如一首乐曲。这种写作手法跟罗兰具有的音乐才能有关。他自己就是个优秀的钢琴家，有着精湛的音乐修养。在谈到这本书的创作过程时，他就曾说过自己的精神状态始终是音乐家。"我先设想整部作品的音乐效果像满天星云一样璀璨，然后才考虑主要的旋律节奏。"他说，在描写人物的相互交织时，他感觉到他们的关系组成了一曲交响乐，让他"在心灵的天地中感受到节奏和旋律"。

　　正是基于作者特有的音乐敏感和天赋，小说中多次出现"有声有色"的环境描写和人物心理描写。这种描写细腻唯美，极具艺术感染力。其中最有代表性的，是描绘克利斯朵夫得知父亲借用他的音乐来赚钱时表现出的反抗心理。当他被关在小屋子里时，莱茵河在屋子底下奔腾，他却觉得"没有波浪，没有水的皱纹"，然而当他闭上眼睛时，澎湃的水浪又击打着他：

> 其中有清脆的琵琶，有凄凉哀怨的提琴，也有缠绵婉转的长笛……音乐在周围回旋打转，美妙的节奏疯狂似的来回摆动。最后，周遭的一切都卷入这强大的音乐旋涡中去了……自由的心灵神游太空，犹如陶醉在自由中的飞燕，心中旷野的呼叫冲破云霄……

这段文字既表现出了主人公及作者的音乐天赋，又细致地刻画了人物的心理活动。自然环境和心理描写以音乐的形式表现出来，两者结合成一首首动听的奏鸣曲。罗兰运用这种独特的写法，使得《约翰·克利斯朵夫》成了独特的"音乐小说"。

《约翰·克利斯朵夫》通过讲述音乐家克利斯朵夫的一生，描绘了19世纪和20世纪之交，包括德国、法国、意大利、瑞士在内的广阔的社会生活图景。凭借这部小说，罗兰获得了1913年度法兰西学院文学奖。1915年，诺贝尔文学奖评委会以罗兰在《约翰·克利斯朵夫》中"体现出的高尚理想和他在描绘各种不同类型人物时所具有的同情和对真理的热爱"，授予他诺贝尔文学奖。

【图58】 高尔基

"非常及时"的《母亲》

长篇小说《母亲》是苏联作家高尔基的代表作之一。高尔基（图 58）1868 年 3 月 28 日生于伏尔加河流域的下诺夫哥罗德城，他幼年丧父，10 岁便流落"人间"，尝尽了世俗社会的艰辛。高尔基没受过多少教育，他是作为生活真理的寻求者走进俄国文坛的。1892 年，他发表处女作《马卡尔·楚德拉》时用了笔名"马克西姆·高尔基"。"高尔基"意为"最大的痛苦、不幸"。

20 世纪初，俄国工人运动蓬勃发展。1905 年，高尔基加入了社会民主工党，投入革命运动。此时，他接受了社会主义思想，他的作品也都讴歌革命理想。《母亲》是他在入党一年后完成的一部长篇小说，它的内容同样是通过讲述革命，描写人的觉醒，探索人性的完美。

小说取材于现实事件：1902 年，在高尔基的家乡诺夫哥罗德附近的索尔莫沃工业区，工人革命斗争十分活跃。在 5 月 1 日的游行中，领导人扎洛莫夫等被捕。他的母亲扎洛莫娃不顾危险，继续儿子的事业。高尔基在游行前就听说过扎洛莫夫其人，10 月扎洛莫夫被判流放后，高尔基与他母亲有了接触。之后，他以扎洛莫娃母子二人的事迹为现实依据，创作出了《母亲》。

《母亲》深刻地反映了以马克思主义为理论核心的工人阶级的革命斗争，具有现实主义的历史性、具体性和逼真性，同时它又是这类题材的第一部作品。虽是讲述现实革命，但它又具有浓厚的浪漫色彩。这表现在高尔基对政治的描写极少，而是从更高的角度，通过刻画人物来讲述政治和革命。巴维尔参加革命之后的改变，以及他母亲对革命的态度的前后对比，使得人物形象不再单薄，变得立体起来，增强了人物和作品的感染力。

此外，小说的叙事角度非常独特。高尔基以巴维尔为主角，却在讲述故事的过程中把视点突出在他母亲尼洛芙娜的身上。他以尼洛芙娜的视觉角度来表现巴维尔的变化，描绘一系列事件的场面，又通过描写尼洛芙娜细腻的心理变化来反映革命对她自己及对众人的影响，从而使得尼洛芙娜成为叙事的中心。

《母亲》是高尔基的革命思想意识成熟的标志，也是他在反映现实的文学创作中达到一个新境界的标志。然而，它最成功的地方在于根植于现实的同时，处处充满着作者浪漫的人道主义思想情怀。他以巴维尔及其母亲为代表，塑造了众多成长起来的无产阶级英雄。这些英雄，他们原本在世界上处于无足轻重的地位，在文学史上也是从来不会跟"英雄"一词沾边的。《母亲》却超越传统，也突破人性的桎梏，塑造了一个个"渐变式"的英雄人物。在小说中，千千万万个无产阶级革命者亦如同"母亲"尼洛芙娜一样，都是从不自觉地实现自己的个人理想，"进化"到自觉地为自己的历史使命而奋斗，乃至献出生命。

高尔基在《母亲》中体现出的对人的成长力量的赞美，以及对无产阶级革命力量的肯定，使得其中的英雄人物及他们的理想获得了文学艺术上的生命。同时，这部书的出版也推进了俄国的无产阶级革命运动，列宁因此称赞《母亲》是"一部非常及时的书"。

高尔基自传三部曲

　　高尔基之所以能够成为大作家，不是因为受过良好的教育，而是他即使处在艰难的境地也不忘记读书。在自传三部曲《童年》《在人间》和《我的大学》中，高尔基通过主人公阿廖沙展示了自己3岁到10岁、11岁到16岁及16岁到20岁的生活经历。读者不仅为阿廖沙的悲惨生活所震撼，更为他坚持不懈的学习精神所感动。他走到哪儿，就把书带到哪儿。为了能多读书，又不费灯油，他曾借着圣像前的长明灯，或是拿铜锅映着月光读书。有一次他看书入了神，不小心烧坏了茶炊，被老板娘毒打了一顿，但他并没有把这放在心上，他甚至说："只要允许我读书，哪怕每个星期把我拉到广场上打一顿，我也心甘情愿！"因为伤势很重，老板娘吓坏了，从此同意阿廖沙自由读书。16岁以后，阿廖沙来到社会这所大学，在码头干苦力的同时，也不忘了读书，甚至读过马克思的《资本论》！

【图 59】 ［保加利亚］阿道夫·鲍姆加特纳《哥萨克骑兵》

宏伟的悲剧《静静的顿河》

米哈伊尔·亚历山大罗维奇·肖洛霍夫是苏联最杰出的作家之一，他出生在顿河岸边的一个哥萨克农庄，以写作顿河哥萨克的生活和历史而闻名于世。

哥萨克原意为"自由的人""勇敢的人"，他们是俄罗斯和乌克兰民族内部具有独特历史和文化的一个游牧人群。这个游牧人群形成于 15 世纪至 17 世纪，指不堪忍受地主和沙皇压迫，从俄罗斯内地逃到顿河草原落户的农奴及其后代。哥萨克生活在东欧大草原，骁勇善战，尤其以骑术著称（图 59）。

肖洛霍夫的父亲喜爱读书，并收藏了许多文艺书籍，这培养了肖洛霍夫对文学的兴趣。从童年起，肖洛霍夫就受到顿河人民生活方式和风俗习惯的影响。他的一生几乎没有离开过顿河，对顿河的熟悉和热爱，使得他日后创作了许多以顿河为背景的故事。

18 岁时，肖洛霍夫开始在地方报刊上发表短篇小说，写的都是他所见所闻或亲身经历的难忘之事。1926 年，他将发表的短篇小说结成两个集子出版：《顿河故事》和《浅蓝的原野》。《顿河故事》最引人注目的是它对现实生活的关注。它以或悲或喜的基调，描写了俄国激烈的阶级斗争。从中除了可见肖洛霍夫的现实主义创作倾向，还可见他善于运用幽默手法，同时具备写作悲剧和喜剧的文学才华。后来，他正是以这种多样化的风格，写作了宏伟的悲剧《静静的顿河》。

《静静的顿河》起笔于 1926 年，完成于 1940 年，共 4 卷。小说以主人公葛利高里曲折的生活道路和他一家在动荡年代的巨大变迁为中心线索，反映了 1912 年至 1922 年间哥萨克经历的所有重大历史事件：战前哥萨克的和平生活、第一次世界大战、1917 年二月资产阶级革命和十月社会主义革命、顿河地区的国内战争和战后生活。

主人公葛利高里是个地地道道的哥萨克，他英勇豪放，秉性正直善良，具有非凡的军事才能。同时，他又是性格极其复杂的人物。十月革命时，葛利高里因为政治上的幼稚思想，在短时间内经历了从支持资产阶级政治派转向支持无产阶级革命党人的思想动摇。而后，当苏维埃政权枪杀敌军俘虏，即将取得最终胜利时，他又看到了阶级斗争中的丑恶。他觉得眼前的世界是"沸腾着仇恨的""难以理解的"，他一心只想逃离，最终"在顿河建立苏维埃政权斗争的最高潮里离开了所在的队伍"。之后，他又经历了从反革命到进入红军队伍，被判反革命罪，为逃避惩罚而堕入佛明匪帮，脱离匪帮回归苏维埃政权的一系列坎坷。

葛利高里的曲折命运使他的形象丰富而具有内涵。他复杂、豪爽、英勇的个性，成长过程中所有错与对的选择，以及探寻真理的坚定，最后痛苦、绝望地回归，综合起来形成强大的征服读者的人格魅力。正是通过这么一个小人物，肖洛霍夫将《静静的顿河》的表达意义扩大了。与同样描写过哥萨克生活的普希金（《上尉的女儿》《普加乔夫起义史》）和托尔斯泰（《哥萨克》）相比，肖洛霍夫用这部作品更广泛、更深刻、更感人地表现了哥萨克的历史命运。小说写了历代顿河哥萨克人的生活和斗争，时间跨度从第一次世界大战到国内战争结束，堪称哥萨克社会历史上的一面镜子。小说中表现出的对真理的寻求精神、对人的命运与选择的关系的剖析，更具有世界文学的风范。

《静静的顿河》以哥萨克古歌开篇——这首哥萨克古歌以浑浊的水和跳跃的鱼儿分别暗示顿河的过往和曾经，它是整部小说的内容概括，也是葛利高里不幸命运的预示。这种诗意的基调始终贯穿着全书，使得这部现实主义小说既具有历史的宏大特性，又具有史诗般的艺术美。肖洛霍夫以独特的史诗性与现实性相结合的艺术角度，开创了苏联叙事悲剧的艺术先河，他因此在 1965 年获得瑞典文学院授予的诺贝尔文学奖。

《了不起的盖茨比》

　　《了不起的盖茨比》是美国作家弗朗西斯·斯科特·基·菲茨杰拉德创作于 1925 年的一部作品。它通过讲述一个心怀"美国梦"的青年盖茨比悲剧性的短短一生，揭示了 19 世纪"美国梦"传奇之下的社会丑陋现象，表达了作者对如盖茨比一样生活在支离破碎的时代中，仍能够保持真挚、善良、执着等美好品质的人物的敬佩，以及对他们悲剧命运的同情。

　　《了不起的盖茨比》的重要意义在于，它用盖茨比的悲剧揭露了"美国梦"对世人的坑害。"美国梦"在每个时代所指的意义都不同，盖茨比"美国梦"的背景是 19 世纪美国的"淘金潮"。在当时，许多美国人往西部去掘金，梦想着一夜致富。盖茨比致富的初衷是挽救爱情，而这个初衷一直保持到了他生命的最后。

　　盖茨比是纯情、理想的化身，然而他的幻想是脱离现实的。他无法看清苔西的真面目，更不了解现实的残酷。现实并非如杰弗逊《独立宣言》中说的那样，只要你拼搏努力获得了成功，你就会受到尊敬。现实是，美国的上流社会仍然看重你的出身，所谓"开放""民主"，只不过是开国领袖的一厢情愿而已。所以说，盖茨比的死不仅代表了一个新富的沉落，还象征着"美国梦"的幻灭。他的悲剧揭露了看似自由、光鲜的美国社会存在的道德沦丧现象。

　　某种程度上，可以说盖茨比就是菲茨杰拉德本人的化身。菲茨杰拉德在第一次世界大战时应征入伍，后来被派到美国南方的亚拉巴马州。当时他的职位是副官，在那里他爱上了一名法官的女儿姗尔达并与之订下婚约。后来，姗尔达嫌弃菲茨杰拉德收入微薄，又觉得他的工作没有前途，于是毁了婚约。菲茨杰拉德受创后把精力投注到他的第一部小说《人间天堂》的修改中，小说出版后获得了成功，菲茨杰拉德名利双收，也挽回了与姗尔达的婚姻。

菲茨杰拉德将盖茨比塑造成一个被他自身的执着和理想毁灭的人物，这种安排表明了菲茨杰拉德对待金钱权势的两种相反态度。一是对金钱名利的崇拜，一是对它们的痛恨。基于这种矛盾，他选择了让尼克站在一个客观的角度去讲述盖茨比的故事。此外，他还采用了第一人称的叙述手法，这样，既增强了小说主题思想的客观性，又使得读者能代入尼克的角色，从而进入故事体会人物的感情。

菲茨杰拉德在小说中运用了大量的比喻、象征、拟人等修辞手法。其中，最为突出的是象征手法的运用。他在描写景物时对色彩的选择是有深意的，例如盖茨比凝望的"绿色灯光"象征了他的梦想和爱情，灯光的闪烁暗喻了这梦想对人的诱惑性和不安全性，以及它的缥缈。又如，他将盖茨比和苔西的服饰及盖茨比的豪宅都描写成白色，同样暗示了人物的多重性格：白色可以代表纯洁，也可以代表空虚，它还是死亡的象征。

《了不起的盖茨比》的故事简单，情节简洁流畅，然而它的行文充满着一种诗意的美。此外，它揭示的意义也是深刻的。小说以寻梦来到纽约的尼克重返中西部故乡为结局，体现了一个时代的青年的迷惘。因此，这部小说也被视为"迷惘的一代"的文学作品。小说出版后，菲茨杰拉德获得了文坛的认可。

站着写作的海明威

欧内斯特·海明威是现代美国著名作家，他的重要作品有《老人与海》《太阳照常升起》《永别了，武器》《丧钟为谁而鸣》等。海明威的写作继承了马克·吐温等人的现实主义创作传统，又在此基础上进行创新，形成了自己独特的创作风格。他是"新闻体"小说的创始人，他在写作中秉持"冰山"理论，他的作品塑造了诸多"硬汉"形象。这些，都对美国文学和世界文学产生了深远的影响。

海明威1899年生于美国伊利诺伊州的芝加哥郊区一个村庄里，他18岁从中学毕业时正值第一次世界大战期间。他报名参战，因眼睛检查不过关未能如愿。后来，他做过记者，不久就作为救护车队的中尉被派往意大利战场的前线。战争中他被炮击，身体内有277块弹片。虽然过后获得了意大利政府授予的军功表彰，但战争还是给他留下了心灵阴影。这一段经历影响了他的战争观和日后的创作。

海明威的成名作是1926年发表的长篇小说《太阳照样升起》。小说出版时，海明威用了他的好友、当时美国著名女作家斯泰因的一句话——"你们全是迷惘的一代"作为这部书的题词。后来，"迷惘的一代"便成了美国文学史上的一个专有名词，用来指在第一次世界大战前后成长起来的一代美国作家。而《太阳照样升起》则被视为"迷惘的一代"的代表作品。

海明威的写作风格和选取题材的倾向，在《太阳照样升起》这一部中已

【图60】 《老人与海》插图

有所体现。小说的故事情节简单，讲述的事情贴近现实，表明了海明威受当时现实主义的影响，而他日后的作品采用的也多是现实主义的创作手法。充满力量的斗牛士可以说是海明威塑造的第一个"硬汉"形象，巴恩斯从斗牛士身上得到的思考隐约预示了海明威深入打造这一形象的创作计划，于是有了之后《打不败的人》中年迈的斗牛士曼努尔、《非洲青山》的猎人、《丧钟为谁而鸣》中的英雄乔丹，以及最著名的《老人与海》中的老人。

此外，小说的语言朴实简约，句子精短凝练，还非常注重环境与人物的相互映衬。这种推崇简单明了地集中反映主题的写法为海明威在日后的创作中所坚持，他还为此提出了"冰山原则"这一文学理论，意即要求在文学创作中尽可能的简约，简约到使读者只看到只占八分之一的冰山一角，就可以窥见全局。海明威是如何做到这一点的？据他所说，他写作的时候是站着的，而且只用一只脚。他说这种姿势使他处于一种紧张、紧迫的状态，让他不得不尽快且简短地表达他要说的意思。这种写法正是他的作品能够简洁凝练的秘诀所在。

海明威在文学创作中体现出的独具个人特色的艺术风格，在他的中篇小说《老人与海》（图60）里得到了全面且经典的体现。这一故事的情节同样简单，它讲述老渔夫桑提亚哥连续84天出海都空手而归，他在第85天仍旧上阵，还去到了更深远的海域。桑提亚哥经过两天两夜的搏斗，收获了一条巨大的马林鱼。回途中他碰上了鲨鱼群，为了保住成果，他又跟鲨鱼群搏斗了一天一夜。最后，他赶走了鲨鱼群，拖着马林鱼一副巨大的骨架回到了岸上。老人疲惫不堪，然而他心中的斗志仍未熄灭。在睡梦中，他又梦见了那头威武的狮子。

这个只有5万多字的故事，海明威构思了十几年。在创作中，他实践了自己的"冰山"创作理念，省略了老人所在村庄及其周围人物的描写，集中描写故事中最重要的部分，即老人与鲨鱼群搏斗的那一部分。他采用传统写实手法，将海上环境与人物结合起来，又运用了内心独白、象征，以及画家创作中常用的梦幻、印象技巧、绘画技巧等现代表现手法，使这个简短的故事反映了具有深刻哲理性的主题。这一主题通过小说中的老人传达了出来："一个人并不是生来要给打败的，你尽可以把他消灭掉，可就是打不败他。"

故事的精简和主题的深刻使得小说中的老人散发出一种动人心魄的力量，他梦中的狮子正是这种力量的象征。因为海明威将故事背景都省略了，使得故事犹如永不过时的警醒世人的寓言。这种力量得以在文学的长河中奔腾不息，老人的精神得以一代一代传下去。

第九章

在标新立异中沉思：
西方现代主义文学

（鼎盛于 20 世纪 20 年代）

西方现代主义文学的主要流派包括后期象征主义、表现主义、未来主义、超现实主义和意识流小说等，这些流派无论在文学形式还是审美观念上都具有明显的反传统特征。作家们热衷于艺术技巧的革新，力图通过一种更深奥的方式来表达自己的思想，而他们的思想往往带有强烈的文化批判倾向。如后期象征主义的代表艾略特，他的诗歌看似难懂，其实是作者出于批判的需要，无意识地以象征暗示的手法来揭露内心"最高的真实"。表现主义代表有奥地利的弗朗茨·卡夫卡和美国的尤金·奥尼尔，卡夫卡的成就较高，他的代表作是《变形记》。

【图61】 [美]爱德华·霍珀《夜窗》(该画是霍珀根据《荒原》的情节而创作的)

"但丁最年轻的继承者"艾略特

　　托马斯·斯特恩斯·艾略特 1888 年 9 月 26 出生于美国密苏里州圣路易斯一个富有文化气息的大家庭里，他的祖父是华盛顿大学的创办者，母亲爱好文学。受家庭环境的影响，艾略特从小接触文学，从中学时代就开始了诗歌创作，这些练笔之作着着明显的浪漫主义特征。1905 年进入哈佛大学后，他攻读哲学和英法文学，又广泛涉猎了文学、宗教、历史甚至东方文化等领域。后来，他又到巴黎大学学习柏格森哲学，到牛津大学学习希腊哲学。丰富的文化底蕴，特别是深厚而广泛的哲学基础影响了艾略特后来的诗歌创作。

　　艾略特的早期作品仍具有象征主义风格，但他的哲学思想已经有所表现。如在 1915 年的诗集《普鲁弗洛克的情歌》中，诗人写道："我该不该扰乱这个宇宙？我还有一分钟来决定和修改决定，过一分钟又推翻决定。"这首诗讲的是一个胆怯的男子求爱前的矛盾心理，它仿照的是法国象征主义诗人拉福格的文体风格。此外，这个矛盾的中年男子对自己的怀疑，实际上代表了 20 世纪初欧洲资产阶级青年内心的迷茫和幻灭感。

　　1919 年艾略特发表的第二部诗歌集《诗集》中，同样可见他对那个时代人们精神状态的关注及引发的思索。《诗集》中的代表作《小老头》讲述一位老人回顾自己的一生，寻找一种类似信仰的东西时，发现自己亦如所处的世界一样空空如也，没有爱情也没有信仰。

　　《小老头》中老人的悲观和失望实际上是第一次世界大战后西方知识分子

的写照。艾略特早期的其他诗歌也多具有这种表达倾向，如《一个哭泣的姑娘》写一个人在美的幻象消失以后的无奈和悲哀，《献媚的谈话》和《窗前晨景》揭露了现代人的空虚乏味。这些作品的风格和基调都趋于统一，奠定了艾略特的诗歌的创作方向。它们，尤其是《小老头》，被认为是通往艾略特代表作《荒原》的前奏曲。

《荒原》是艾略特1921年开始创作的作品。彼时他因为妻子精神病加剧而备受折磨，住进了瑞士一家疗养院，同时写作《荒原》。1922年，他回归社会，创办了具有国际影响的文学评论季刊《基准》。同年，著名诗人、意象派代表人物艾兹拉·庞德将《荒原》由原来的800多行删减到434行，并将其发表在《基准》上。

《荒原》分为5章，在此之前，艾略特的诗歌以象征主义手法描写现实问题（图61）。《荒原》沿承了这一风格，但象征意义更加隐晦，表达的主题也更加深刻。从这首长诗的引言可见《荒原》的整体特征和表达的主题。引言只有短短的几句："是的，我自己亲眼看见古米的西比尔吊在一个笼子里。孩子们问她：'西比尔，你要什么？'她回答说：'我要死。'"西比尔是古希腊神话中的女先知，她曾向日神祈愿长生，却忘了补充说"不老"。她活了几百年又几百年，而且还要一直活下去，然而年老的痛苦和丑陋却折磨着她，她并不快乐。

西比尔不生不死，犹如既存在又不存在的一片荒原。艾略特以她的这种状态比喻他所处时代的人们的状态，展示了第一次世界大战后人们的精神危机及西方文明传统价值观的没落。然而，如果不懂得"西比尔"是何人，就很难理解这个引言的寓意。这几句引言运用了神话典故，采用了象征手法，表现出了诗人独特的冷静的写作风范，即不直接在作品中显露自己的思想感情。这几个特征，正是《荒原》所具有的艺术特色。

虽然《荒原》发表时几乎无人能懂，然而迷住了很多人。艾略特后来给诗歌附上了50多条注释，但读者觉得注释也是深奥的，请求艾略特给注释也做注释。但艾略特认为诗歌不是供诗人发泄感情的场所，也不是让读者寻求某种意义的寄托，而是一种让读者无意识地获取智慧的"智性活动"。所以，他不再对《荒原》补充注释。艾略特在《荒原》中表现出了一种鲜明的反传统创作倾向，他的创作改变了英美诗歌的传统风格，他被称为"但丁最年轻的继承者之一"。

值得注意的是，艾略特晚期的作品却回归了传统。他写作于1935年至1942年间的《四个四重奏》没有了《荒原》的晦涩和造作，而是以相对朴实的语言描写一个皈依宗教的人寻找真理的精神历程。诗歌虽然仍运用象征主义手法，但读起来自然流畅，语言节奏性强，跳跃性弱。《四个四重奏》被认为是艾略特登峰造极的诗作，也是最能代表他思想高峰的作品。

1948年，由于"对当代诗歌作出的卓越贡献和所起的先锋作用"，艾略特荣获诺贝尔文学奖。

【图 62】 卡夫卡雕像

保险公司里的业余大作家

　　弗兰茨·卡夫卡（图62）是奥地利现代著名的小说家，也是表现主义文学的代表人物之一。

　　表现主义是现代主义文学中的一种流派。"表现主义"一词最初于1901年被法国画家朱利安·奥古斯特·埃尔韦所用，是画家为了表明自己的绘画有别于印象派使用的。后来，它作为一种艺术手法，发展使用到了音乐、电影、建筑、诗歌、小说、戏剧等领域。表现主义文学的特征是透过事物的表象展现其本质，从人的外部行为揭示他的内在灵魂。它的产生，是对强调外在客观事实的现实主义和自然主义的反叛。

　　表现主义文学于20世纪初产生于德国，后来蔓延到法国、奥地利、乃至英国、美国等欧美国家。奥地利的卡夫卡和美国的尤金·奥尼尔是最重要的表现主义作家，其中卡夫卡的文学成就更加突出。

　　卡夫卡出生于奥匈帝国统治下的布拉格，父母都是犹太血统。大学毕业后，他在一家保险公司任职，一直做到病退。卡夫卡并非一个专职作家，他的作品都是在业余时间完成的，所以留下来的作品数量并不多，然而这并不妨碍他作品的高度。

　　在29岁之前，卡夫卡只有一本散文小说集《观察》问世。1912年是他创作的爆发期，他在这一年完成了《判决》《变形记》等作品。

　　《判决》中，"儿子"对"父亲"的恐惧是卡夫卡对他父亲的感情写照，也是他对家长制的奥匈帝国这个"原父"不满的表现。《判决》看似荒诞，然而如果深入探究人物行动背后的本质，以及人物之间的关系、冲突，就可以发现它要表达的主题是深刻的。通过这个独特的故事，卡夫卡不仅展现了父子冲突，还揭示了西方社会中现实生活的荒谬性和非理性。这种以"没有意义的外表"写出"意义深刻的内在"的写作手法，正是表现主义的风格。

卡夫卡的代表作也即成名作《变形记》将这种艺术特色发挥运用得更加明显。《变形记》是一篇中篇小说，它讲述了一个人变成大甲虫的荒诞而悲剧的故事。格里高尔本是朝九晚五的"正常人"，他变形以后即使在本质上还是一个"人"，他的家人最终却不再认可他。这个悲剧根本上不是他作为甲虫的身份造成的，而是因为他与家人原本就存在着巨大的隔阂。他在具有人形的时候，每天为生计奔波，他的付出使他得到了家人的认可。然而这种认可却是功利性的，它不是人与人真正意义上的沟通与理解。一旦这种付出无法实现，格里高尔无论是什么，他都失去了存在的意义。也就是说，本质上，格里高尔是孤独的。他的家人各自也都是孤独的个体，只不过他们比格里高尔更加冷漠。

《变形记》以变形的怪诞在故事表象和故事思想本质之间创造距离，这是表现主义文学中常见的手法。卡夫卡正是运用这种创作手法，以一种冷静乃至近乎冷漠的客观态度，讲述了一个"人心虫形"的"怪物"的故事。"大甲虫"格里高尔实际上是许许多多现代人的化身，他的悲剧展现了现代人失去自我、在绝望中挣扎的精神状态，他的悲哀是社会进步的同时人类不可避免会遭遇的悲哀。

小说中，对格里高尔"孤独意识"和恐惧的描写，既是卡夫卡对现代人精神状态的揭示，也是他本人内心的袒露。卡夫卡留下来的日记中有这样的话："外人看我是生硬的，我的内心是冷的。""在自家里，我比一个陌生人还陌生。""我生命的本质就是恐惧。"卡夫卡的小说大多具有这种特性：基于现实的荒诞幻想，既远离现实，又跟现实有关。这种特征跟现实主义不同，也不同于浪漫主义，或许这正是表现主义的独特之处。

【图 63】 茜茜公主

【图64】 弗朗茨·约瑟夫一世

奥匈帝国

奥匈帝国是 1867 年匈牙利独立后，与奥地利帝国联合组成的国家，又名双元帝国、二元帝国。匈牙利虽然名义上是独立的，但奥地利国王兼任匈牙利国王，且两国的军队、税收、币制、外交等国家职能都是统一的。奥匈帝国的缔造者就是人们熟知的茜茜公主（图 63）的夫君——弗朗茨·约瑟夫一世（图 64）。

奥匈帝国成立后，无论是国土面积、人口数量，还是工业制造水平，在欧洲都是首屈一指的。但奥匈帝国并不满足，它不断发动战争和外交手段，蚕食周边国家。1908 年，奥匈帝国正式吞并波黑。1914 年，奥匈帝国皇位继承人斐迪南大公夫妇在访问萨拉热窝时，被塞尔维亚民族主义者普林西普枪杀，奥匈帝国因此对塞尔维亚宣战。这成为第一次世界大战的导火索。第一次世界大战结束后，奥匈帝国作为战败国宣告解体，陆续成立了奥地利、匈牙利、捷克、斯洛伐克、塞尔维亚、黑山、克罗地亚共和国、斯洛文尼亚共和国、马其顿共和国、波斯尼亚和黑塞哥维纳共和国等，此外波兰、罗马尼亚、意大利也获得部分前奥匈帝国的领土。

《喧嚣与骚动》：一个故事讲了四遍

　　威廉·福克纳是 20 世纪美国著名作家，他一生共出版了 19 部长篇小说、120 多篇短篇小说、2 部诗集及 1 部喜剧。他的小说作品绝大多数以美国南方为背景，并为家乡密西西比州虚构了一个名叫"约克纳帕塔法"的县，长篇小说中就有 15 篇的故事发生在这个县。此外，其他 4 部长篇除了《一个寓言》的背景是欧洲，另外 3 部是以美国南方为背景的。福克纳以其"约克纳帕塔法世系"小说深刻地展现了美国南方 150 多年的社会历史，他被视为美国"南方文学"的主要代表。

　　福克纳同时还是 20 世纪西方意识流的代表作家之一，他最知名的也是他最爱的一部作品《喧哗与骚动》，被视为与《追忆似水年华》《尤利西斯》并列的意识流小说的杰作之一。

　　《喧哗与骚动》的题名出自于莎士比亚悲剧《麦克白》。在第 5 幕第 5 场中麦克白独白："人生如梦如幻，如一场拙劣的戏。如愚人自娱，到处是喧哗与骚动，却毫无意义。"小说讲述的也正是这么一个充满着"喧哗与骚动"的痴人的故事。它的叙事方式很奇特：作者采用多角度的叙事方法，依次让班吉、昆丁、杰生与康普生家的女佣迪尔西充当叙述者，讲述了女孩凯蒂的命运，使得故事情节既全面又强调了可重复的部分。此外，班吉是一个白痴，以一个白痴的自述为故事开头，这是文学史上的第一例。迪尔西的叙述角度是作者本人的角度，她的部分是全书的总结。在这一天，小昆丁离家出走了，迪尔西带着班吉去教堂做复活节礼拜。故事的结尾，目睹了康普生家族盛衰的迪尔西引用《圣经》里的话："我看见了始，我看见了终。"她的忠诚、善良、顽强与前三个地位优越的叙述者的病态性格形成了鲜明对比，全书的主题由此得以彰显出来。

大量运用意识流手法刻画人物，是这部小说的重要特色之一。福克纳这么做，不仅揭示了人物们的内心世界，而且突出了他们的病态，塑造了与人物的身份、性格、命运非常契合的形象。

福克纳还采用了"神话模式"来架构这一故事。所谓"神话模式"，就是使得故事的整体与人们熟知的某个神话故事平行。《喧哗与骚动》的故事结构以基督受难的典故为原型。小说的第一、第三、第四部分的自述时间是相近的，第三部分的正式标题为"1928年4月6日"，第一部分和第四部分，分别是4月7日和4月8日。4月6日至8日这3天，恰好是基督受难日到复活节。第二部分，昆丁的讲述时间是1910年6月2日，这是他自杀的当天，而6月2日又正好是基督圣体节的第8天。福克纳把这一家子的故事与基督牵扯起来，以神圣、仁爱的基督教教义反讽了这一家族的自私和堕落。

意 识 流

意识流的概念最早由美国心理学家威廉·詹姆斯提出。他指出人的意识活动既是理性的、自觉的，又是无逻辑的、非理性的，是一种交杂了有意识和潜意识的思想之"河流"。意识流小说是20世纪初兴起于英、法、美等国的一种现代主义文学流派。意识流小说侧重描写人的意识变化过程，打破了传统小说以叙事为主的模式。在创作技巧上，意识流小说的时间概念遵循的是"心理时间"而非物理时间。通常认为，法国作家马塞尔·普鲁斯特是意识流小说的先驱，他出版于1913年底的《追忆似水年华》是意识流的开山之作。

第十章

彻底反传统：后现代主义文学

（鼎盛于 20 世纪 70—80 年代）

后现代主义文学跟现代主义文学一样，受各种非理性主义的影响。它是现代主义的延伸和强化——比现代主义更加彻底地反传统。后现代主义文学流派以存在主义文学为主，因为整个后现代主义都是以存在主义为哲学基础的。萨特是存在主义哲学家，也是存在主义文学的重要代表。他的小说和戏剧都带有强烈的存在主义哲学思想，特别是《恶心》《墙》《禁闭》等，在全世界范围具有深远的影响。除了存在主义，其他作家另辟蹊径，创造了荒诞戏剧、新小说、黑色幽默文学、魔幻现实主义小说等新的文学形式。

【图 65】 让－保罗·萨特

拒绝"诺奖"的大作家

让－保罗·萨特（图65）是法国著名的存在主义哲学家、作家和社会活动家。受他自己所信奉的存在主义哲学的影响，他创作了许多表现存在主义思想的文学作品。萨特被视为存在主义文学的代表。他的作品在法国广泛流传，后流行于欧美，影响世界。1964年，瑞典文学院决定授予萨特诺贝尔文学奖，被萨特谢绝，理由是他不接受一切官方给予的荣誉。

存在主义分为有神论存在主义、无神论存在主义和存在主义的马克思主义三大类，虽然具体表述有所不同，但大体上三者的宗旨是一致的，即肯定人的存在，并认为人可以通过自身的努力创造自我。萨特是一名无神论存在主义者，他有一句著名的格言："存在先于本质"。他肯定人的存在，同时又认为人的存在本身并没有什么意义。他的这一哲学思想影响了他的文学作品风格。

萨特一生共印行各种著作50多部，哲学方面的著作有《想象力》《存在与虚无》《存在主义是一种人道主义》等，文学方面的创作以小说和戏剧为主。他的日记体长篇小说《恶心》、短篇小说《墙》以及戏剧《苍蝇》《禁闭》和《死无葬身之地》是存在主义文学的代表作。

《恶心》的主人公安东尼·罗康丹是一名青年历史学家，他在日常生活中经常感觉到周围事物存在的荒诞和无意义，由此产生一种"恶心"感。他因为这种"恶心"感而焦躁不安，决定运用自己"自由选择"的权利，投入到一部创新的作品中，反抗这种"恶心"。

罗康丹的"恶心"，实际上是人对自我和外界的存在产生的一种内心感觉，代表了个人与世界的关系、距离。萨特通过罗康丹第一人称的自述，表明了所有存在的荒诞性，以及由此延伸出来的不可避免的个体孤独感。《恶心》的创作是萨特存在主义思想的一次文学探索，它孕育了《存在与虚无》中的许多哲学思想。

《墙》的创作早于《恶心》，但晚一年出版。它主要讲述西班牙共和党人伊比塔和两名难友被捕、被审讯的过程，通过描写这三人在困境中对"自由选择"的权利的实践，突出了存在主义学说的一个基本命题：人是绝对自由的，可以通过选择掌控自己的命运。

在萨特的三部存在主义戏剧《苍蝇》《禁闭》和《死无葬身之地》中，《禁闭》最具有代表性。这部剧的主角是三个鬼魂，他们死后相聚在地狱中一间第二帝国时期的客厅，形成了一种不可调和的三角关系。三人都陷于各自得不到满足的欲望中，被自己折磨，也被他人折磨。剧本的结尾，当艾斯黛儿乱刀捅向伊内丝时，加尔森道出了整部剧的主题："提到地狱，你们便会想到硫磺、火刑、烤架……哈，真是天大的玩笑！何必用这些呢，他人就是地狱！"

"他人就是地狱"后来成为代表萨特存在主义思想的名言。萨特后来补充说，这句话并非是指一段恶化了的人际关系如地狱般折磨人，而是指如果一段关系恶化了，那么"他人就是地狱"。因为在一段恶化的关系里，你既不能正确对待他人，也不能正确看待他人对你的判断，最终你也不能合理地对待自己，于是他人是地狱，他人的观点是地狱，你也是自己的地狱。

他人的存在亦如你自己的存在一样，是先于其本质的。因此，改变他人或者否定、避免他人的存在是徒劳的。所以，《禁闭》的用意仍是要提醒生命本身首先是一种"存在"，我们不要追究各种事物的本质，而是要努力打破种种如地狱般的禁锢，包括他人的判断、不合理的规则制度等。这一哲学思想，在他的《存在主义是一种人道主义》中有具体论述。

《禁闭》不仅蕴含深刻的哲理，且具有后现代主义文学的风格特色。萨特选择以鬼魂作为主角，在风格上体现了现代主义文学特有的荒诞性。此外，他将故事背景放在一个禁闭的空间里，制造了一种紧迫的情节行进感。不仅剧中人物会产生"禁闭"感，连读者和观众都会无意识地高度紧张起来，使得戏剧产生了巨大的艺术感染力。

荒诞戏剧《等待戈多》

荒诞戏剧是存在主义在文学舞台上的一种变体。它出现于20世纪50年代初的法国，其形式荒诞，情节支离破碎，人物的个性、行为乃至整个存在状态也都是难以理解的。

荒诞戏剧派的代表人物是塞缪尔·贝克特。1952年出版了荒诞戏剧的经典之作《等待戈多》。

《等待戈多》是一部两幕剧，场景设在荒郊野外，出场人物共5个：流浪汉爱斯特拉冈（又称戈戈）和弗拉季米尔（又称狄狄）、奴隶主仆二人波卓和乐克、报信的小男孩。

第一幕中，两个流浪汉相遇了，他们互不相识，但都有一个明确的目的：等待一个名叫"戈多"的人。至于戈多是谁，他们一无所知，也说不上为何要等他。在等待的过程中，他们无所事事，说着无聊的话，干些无意义的事情。最后，报信的小男孩来了，告知两个流浪汉说戈多今晚不来了，明天准会到。

第二幕中，流浪汉戈戈和狄狄继续等待戈多，只是他们感到更加无聊了。为了"证明自己还存在着"，他们说着不着边际的话，却又没有互相聆听。他们想要离去，却又下不了决心。最后，狄狄对戈戈说："咱们走不走？"戈戈回答："好，咱们走吧。"然而他们却站着不动。

《等待戈多》因它反传统的剧本模式和不知所云的内容，成为观众热议的话题。随着时间的推移，人们渐渐认识到这部戏剧的内涵，《等待戈多》不仅被译成了十多种文字，甚至让贝克特获得了1969年的诺贝尔文学奖。

【图66】 魔幻现实主义绘画作品《猫交响乐》

魔幻现实主义小说《百年孤独》

    《百年孤独》是拉丁美洲小说家加夫列尔·加西亚·马尔克斯的作品，也是拉丁美洲魔幻现实主义文学的代表作，被西方世界誉为"当代的《堂吉诃德》"。

    魔幻现实主义是形成于拉丁美洲的一种文学流派，它兴起于 20 世纪 50 年代。当时，随着 20 世纪全世界民族独立运动和西方资本主义国家对拉丁美洲的经济入侵，拉丁美洲的作家们纷纷奋笔疾书，创作了大量具有革命性的作品。这些作品大多采用小说形式，讲述社会现实，内容丰富。同时，作家们又在作品中引入各种超自然的力量，将现实与魔幻杂糅在一起，制造出一种诡异而瑰丽的传奇氛围（图 66）。

    《百年孤独》以魔幻现实主义手法，讲述了布恩迪亚家族七代人一百年的兴衰故事，再现了拉丁美洲历史社会图景。第一代人的故事是全书最重要的部分，主角是西班牙移民的后裔何塞·阿卡迪奥·布恩迪亚和他的表妹乌苏拉。

    布恩迪亚和乌苏拉的后代六世，一代不如一代。第二代有与多个女人牵扯不清的浪子、爱情失意后终身不嫁的老处女、因厌恶战争而自杀但未成功的军人。第三代是两个孙子，阿尔卡蒂奥因不知生母是谁而爱上生母，奥雷里亚诺·何塞则热恋自己那位终身不嫁的姑母。到了第四、第五、第六代，同样有超然于外的神人、孤独的研究者、纵情声色的浪子。此外，乱伦、枪杀、孤独终老等所有的恶事仍在循环。

最后，第六代子孙奥雷里亚诺·布恩迪亚和姑妈近亲结婚，生下了一个长着猪尾巴的女儿——这个家族的第七代人。此女刚出生就成了一群蚂蚁的大餐，发现此景时，奥雷里亚诺刚好破译了他一直在研究的一份神秘手稿。原来，这份手稿记载的正是布恩迪亚家族的历史，其题词写道："家族的第一个人将被绑在树上，家族中的最后一个人正被蚂蚁吃掉。"这时，一场飓风突袭而来，整个村庄就被吹卷走了。

布恩迪亚家族，每一代都是孤独的。然而，只有第一代布恩迪亚的孤独是一种高尚的孤独。那是追求理想而未成功的孤独，不被理解的孤独。其他人的孤独，都是个人沉浸在狂热的某种欲望中以至于变得孤寂、冷漠的孤独。这种孤独是拉丁美洲社会的人们状态的写照，它的成因既跟个人有关，也跟外在环境有关。当外界文明入侵后，拉丁美洲人们的生活方式、思想价值观念也发生了改变。他们抛弃了传统的文化和信仰，然而却又没有吸收外界进步的思想文化，而是在物欲横流的世界沉沦。所以说，布恩迪亚的家族的"百年孤独"，代表了拉丁美洲落后保守的孤独状态，它是布恩迪亚孤独的延续、质变。

作为一部魔幻现实主义作品，《百年孤独》具有许多充满魔幻色彩的描写。作品大量地融入了神话传说、宗教传奇、民间典故及各种诡异的情节描写等，比如鬼魂的纠缠、已经死了而后又出现在马贡多的神秘吉卜赛人、能够发出将男人置于死地的气味的第四代孙女蕾梅黛丝——她生来不喜欢穿衣服，最后裹着一个床单乘风消失了，又如第二代能够预知自己死亡时间的老处女阿玛兰塔。关于阿玛兰塔的描写，更不可思议的是马尔克斯竟是取材于现实的。马尔克斯有个亲属就是阿玛兰塔的原型，这个亲属同样是个能够预知自己死亡的老处女，在死之前给自己织裹尸布，在预测的时间里被死神带走。

《百年孤独》讲述了七代人的故事，其中不免有许多对生死、轮回的描写。这样的描写是根植于拉丁美洲特别是印第安人的传统文化的，因此具有鲜明的民族特色。马尔克斯以现实结合魔幻的手法，写出了一部同时具有本土特色和西方现代文学艺术特点的宏伟之作，他因此被视为魔幻现实主义的重要代表作家。

黑色幽默下的《第二十二条军规》

　　20 世纪六七十年代，美国流行一种文学流派：黑色幽默文学。同当时大多数的文学流派一样，黑色幽默文学的哲学基础也是存在主义，具有荒诞性；但不同的是，黑色幽默文学不是以明显的荒诞来产生荒诞感，而是以幽默轻松的笔调讲述阴郁乃至恐怖的事情，借助反差来突出荒诞不经，揭露深刻的现实问题。

　　约瑟夫·海勒是黑色幽默文学的代表作家，也是美国当代文学历史中，能够以一部小说走红文坛的作家之一。让海勒闻名于世的作品是他的处女作《第二十二条军规》，这部作品的创作契机与海勒的生活经历有关。

　　海勒出生于 1923 年的纽约，19 岁时应征入伍，参加了第二次世界大战。战争中的见闻改变了他的世界观和价值观，最直接的影响就是让他认识到了世界的荒谬。战后，得益于美国军人教育法的政策，他作为一个退役军人先后进入了纽约大学、哥伦比亚大学和牛津大学进修。1950 年毕业时，本来只有中学文化水平的海勒蜕变成了一个博学多识的英语教授。任教后不久，他转而涉足报刊界，两年后他重拾文学梦，开始创作《第二十二条军规》。

　　海勒秉持一种不急不躁的态度，每周只写 5 天，一天只写 3 页。完成整部作品，已是 7 年后的 1961 年。可能是因为这种断断续续的写作方式，这部作品的故事没有连贯性，情节混乱。所以一开始，小说引起的反响并不大，有不少评论家认为小说的结构混乱，称不上一部合格的作品。人们对它的认

【图 67】　越南战争中两架入侵轰炸机低空飞过稻田

同是在越南战争爆发后（图67），当时美国国内反战运动高涨，《第二十二条军规》表现出的反战思想才被人们注意到。重读此作，让读者感到意外的是这部小说不仅揭露了战争的残酷，而且广泛触及了当时社会存在的诸多问题，包括军事内幕的黑暗、统治阶级的贪婪无耻、百姓遭愚弄残害的事实等。小说的内容是混乱的，然而这样的安排正突出了当时世界的混乱和荒诞，因此给读者十分真实的感觉。

小说中，卡思卡特"不管有什么轰炸任务，总会毫不犹豫地主动要求他的部下去执行"。表面上他极具爱国精神，实际他是为了使自己有一天能当上将军，不计士兵性命和军队损失，千方百计地利用战争。在官僚军事集团的统治下，不仅士兵成了战争的牺牲品，就连普通百姓也难逃厄运。

《第二十二条军规》的文学成就不仅在于它的思想意义是深刻的，也在于它的创作艺术。小说描写了40多个人物，除了尤索林这个主要人物始终贯穿全书，其他人物都是以间断的出场形式来刻画。这种写作手法看似混乱，却能使得作者可以从不同的角度刻画人物，也为情节铺设了悬念，引起读者对人物的兴趣。

海勒的宗旨是通过展示战争的恐怖和黑暗一面，提醒人们思考战争的意义，然而他却不是以消极、沉重的手法来表达这一主题的。《第二十二条军规》的基调是幽默诙谐的，其中最能体现这一特征的是有关军医丹尼卡的描写。丹尼卡为了冒领飞行津贴，挂名于飞行员麦克沃斯的飞机上。麦克沃斯自杀毁机后，丹尼卡虽然人还活在军营中，他的名字却已列入阵亡名单。他到处证明自己还活着，却因为证明他阵亡的材料"像虫卵一样迅速繁殖"，最后连他自己也确信自己死了，于是他变成了一个"像幽灵一样到处出现"的"活死人"。书中类似这样让人忍俊不禁的黑色幽默有很多，它们表面上轻松诙谐，实际上是对黑暗现实的强烈讽刺和批判。

第十一章

怀疑与叛逆的火光：
中古亚非文学

（3世纪—19世纪中叶）

　　中古亚非文学是处在封建社会的文学，这一时期的文学表现出超越现实、突破封建传统和束缚的思想倾向，具有怀疑和叛逆精神。其中，印度、日本、波斯和阿拉伯取得的文学成就最为突出。日本诞生了第一部写实长篇小说《源氏物语》，阿拉伯产生了具有世界影响的民间故事集《一千零一夜》。波斯迎来诗歌的黄金时代，涌现了许多著名诗人，其中又以萨迪成就最大，他的《蔷薇园》中"亚当子孙皆兄弟"一句，至今仍被联合国采录为阐述其宗旨的箴言。

【图 68】 《源氏物语画卷》（局部）

日本第一部长篇写实小说

　　紫式部是日本平安时期的女作家，她的长篇巨著《源氏物语》（图 68）是日本第一部长篇写实小说。小说描写了平安时期日本的政治、社会风貌，揭露宫中的斗争，表达一夫多妻制给妇女造成的苦难。紫式部也因此被誉为"大和民族之魂"。

　　紫式部大约生于 978 年，她的父亲是一名中层官员，同时是一名汉诗歌赋学者，她的祖上及家族成员都是有名的歌人。受家庭环境的影响，紫式部从小接触诗赋、音乐等文化。她熟读中国的《史记》和白居易的诗歌，对佛经也有所了解。紫式部婚后不久丈夫就逝世了，她一面抚养孤女，一面开始写作《源氏物语》。当时的执政大臣藤原道长听说她的才能，推荐她入宫做了自己女儿即一条彰子皇后的女官。入宫后的耳闻目睹，使她对宫中生活和政治的内幕有了更深的了解，也决定了《源氏物语》的写作倾向。

　　《源氏物语》全书 54 回，近百万字，分为两大部分。其故事背景跨越三朝四代，历时 70 多年，出场人物达到 400 多个。小说最显著的特色之一就是塑造了众多性格丰满且美丽的女性角色，其中戏份较多的就有二三十人。紫式部根据人物各自的性格、心理特点，以及她们的出场需要，用多少不一的笔墨和不同的角度去描绘她们。

　　在紫式部看来，源氏的滥情是一种罪恶，而罪恶的后果就是与他有深入瓜葛的女子最后都不得善终。比如薰君的出现是恶果中最致命的部分——作为源氏女人的私生子，他映照了冤孽的开头，是对源氏与藤壶私通的辛辣讽刺。小说以薫君的悲剧作为故事结尾，是紫式部轮回报应思想观念的表现。

《源氏物语》无疑是一部言情小说，然而它的意义却不仅在于此。小说以封建社会里的贵族男女作为主角，故事背景就是社会背景，所以除了描写主人公与各个女子之间的情爱故事，还描写了宫廷的夺权斗争、皇室贵族的腐败堕落，以及当时贵族阶层的生活、文化、思想等各方面的情况。

同时，小说还适当地加入了中国古代同时期的各种思想、制度及文化等方面的内容。紫式部广泛地引用了《论语》《史记》《汉书》等著作的典故，以及同一时期中国唐代刘禹锡、元稹及白居易的诗歌。总的来说，《源氏物语》犹如一部色彩斑斓的艺术画卷，它是后世研究日本文化的重要材料，也是探究中日之间文化联系的珍贵史料。

中世纪日本文学

日本古代没有文字。传说，约4世纪，朝鲜半岛三国时代百济学者王仁，应在日百济学者阿直岐之邀，携《论语》十卷、《千字文》一卷赴日本，日本才开始用汉字写文章。8世纪的奈良时代，日本出现了最早的书面文学——散文《古事记》、诗歌《万叶集》。

《古事记》记录了从建国神话到推古天皇时代的事。虽然全书都是用汉字写成的，但日语的语法结构已经有所体现。

《万叶集》是日本的和歌总集，古称倭歌或倭诗，又称大和歌和大和言叶，它在日本的地位相当于中国的《诗经》。《万叶集》收录了4500首作品，时间跨度达130年，约在8世纪后半叶由大伴家持完成。《万叶集》中的诗歌形式多样，有长歌、短歌、旋头歌、杂歌、四季歌和四季相闻等。和每句字数相同的汉诗不同，和歌的结构是每句5字或7字交错出现。平安时期（9世纪—12世纪）后，仅有短歌渐成优势。明治维新之后，和歌就专指短歌了。

萨迪和他的《蔷薇园》

　　萨迪是波斯文学鼎盛时期（13世纪中叶—15世纪末）涌现出的文学巨匠，他与菲尔多西、沙姆思·哈菲兹被称为中古波斯的三大诗人。

　　波斯是现在的伊朗。波斯文明是到了3世纪才开始兴盛起来的，是伊朗历史的一部分。

　　萨迪1208年生于波斯南部的文化名城设拉子，其父亲是一个下层传教士。由于社会的动乱，萨迪的前半生颠沛流离，漂泊几十年，其中有十多年的时间是在外国度过的。他到过叙利亚、埃及、摩洛哥、埃塞俄比亚、印度、阿富汗和中国新疆等地。作为一个虔诚的伊斯兰教信徒，他在流浪中仍坚守信仰，先后14次赴麦加朝觐。深且广的生活游历帮他积累了丰富的写作材料，为他的创作奠定了基础。1256年，48岁的萨迪回到波斯时，社会相对安定。他闭门隐居，将自己几十年的见闻和感悟化为文字。

　　1258年，萨迪完成了深具文学艺术价值的代表作《蔷薇园》（图69）。《蔷薇园》是以诗文相间的形式来展开故事，分为8章、171个故事，分别论述帝王智慧、僧侣智慧、感恩的智慧、说话的智慧等。《蔷薇园》力图通过结合大量故事和言论的形式来教育人，同时也大量描写了现实生活中的事情，而不是以虚构的故事来阐明道理。它既写帝王和上层人物的故事，也描写社会其他阶层的现实生活。

　　唯一带标题的故事《萨迪和一个诡辩之徒论富人和穷人的优劣》，是全

【图 69】 波斯诗人萨迪在蔷薇园

诗中篇幅最长的一篇。它以底层人物为主角，讲述两个人的论战。在诗中，萨迪和另一个人针对富人和穷人的优劣唇枪舌剑，不得结果，于是到法官那里请求裁决。法官说："那些像穷人一样谦恭的富人，和像富人一样高尚的穷人，是真主所喜欢的人。最好的富人，怜悯穷人。最聪明的穷人，回避富人。"这段话表明了萨迪不以财富判定优劣，而是以品德为做人标尺的思想。从这句话还可以看出萨迪主张穷人宽恕富人，不以暴制暴的人道主义思想。他的这一思想，契合了苏菲思想的观点希望以宗教和道德来解决社会矛盾。

《蔷薇园》再次强调了其一贯坚持的仁慈行善这一主题，其中一句"亚当子孙皆兄弟，犹如手足亲。造物之初本一体，一肢罹病染全身。为人不恤他人苦，不配世上妄为人"，被联合国用来作为主张世界和平的语录，铭刻在联合国总部大楼里。由此可见萨迪对世界文化的影响之深远。

除了《蔷薇园》，萨迪还创作了其他作品，包括抒情诗、短诗和散文著述，如《论文五篇》《帝王的规劝》《论理智与爱情》等，但成就都没有超越《蔷薇园》。1958年，《蔷薇园》创作700周年时，世界各国还相继举行了隆重的纪念活动。

【图 70】 印度细密画

细密画

波斯细密画是流行于 13 至 17 世纪之间的波斯抄本插图。它常常被画于羊皮纸、书籍封面的象牙板或木板上，多采用石榴皮、核桃壳、木樨草、钾矾、绿松石等粉末作颜料。波斯细密画用线工整细密，用色富丽堂皇，与中国传统绘画"工笔重彩"的画法十分接近。波斯细密画的题材多为人物肖像、图案或风景，也有风俗故事。

波斯细密画风格对印度画家影响颇深，后来葡萄牙人耶稣会传教使团把西方的写实主义绘画传入莫卧儿王朝，印度细密画在波斯重装饰画风与传统印度画风相结合的基础上，又把西方的写实手法融入其中，形成了独特风格的印度细密画（图 70）。

《一千零一夜》：一个无所不能的世界

　　有一部作品，它自 1704 年在欧洲出版以后，不断有各种译本的出现。它的影响遍及欧洲各个国家，后来波及世界各地。在历史上，很多文学作家都曾从这部作品中得到灵感。莎士比亚、塞万提斯、莱辛、笛福、大仲马、格林、安徒生、托尔斯泰等，都不同程度地受到它的影响。它就是被高尔基称为世界民间文学史上"最壮丽的一座丰碑"的《一千零一夜》(图 71)。

　　《一千零一夜》，又名《天方夜谭》，是阿拉伯民间故事集，作者并非只有一人。它的成书过程长达八九个世纪，由历代阿拉伯市井说书的艺人反复加工、补充而成。书中的故事，主要来源于波斯、印度、伊拉克和埃及麦马立克王朝时期流传的故事。

　　在阿拉伯阿巴斯王朝的繁荣时期，最大的商贸中心、首都巴格达出现了许多民间艺术，如皮影戏、木偶戏、说唱等，《一千零一夜》因此更加丰富起来。后来，随着历史的变迁和政治文化经济中心的转移，故事涉及的地区范围越来越广。《一千零一夜》的艺人作者们吸收、融汇不同民族、地区的文化，创作了更多新的故事。大约在 16 世纪时，这些故事正式以书籍《一千零一夜》的形式出现。

　　《一千零一夜》的名字取自《赫扎尔·艾福萨那》，它的第一个故事也是出自于后者。故事讲述了"一千零一夜"的来源：

　　相传古代印度与中国之间有一个萨桑国，国王山鲁亚尔生性残暴，因王

【图71】 《一千零一夜》插图

后行为不端将其杀死。之后，山鲁亚尔每日娶一少女，第二日天亮就将她杀掉。宰相的女儿山鲁佐德善良美丽，为了拯救众多无辜的女子，她主动嫁给国王。当夜，她给国王讲故事，一直讲到天亮，这时故事正讲到精彩处，国王舍不得杀她，让她继续讲下去，不料她竟连续讲了一千零一夜，国王终于被感动，决定与她白头偕老。

这个开端故事点出了整本书的精彩特性：描写爱情，主人公具有冒险精神，歌颂正义的力量，揭露统治者的残暴。《一千零一夜》的故事种类繁多，内容庞杂，但整体来说，它们具有前面所说的四个特征。

对爱情的描写，是这本书比重最大的一部分。书中的爱情故事大致有三种类型：纯粹的人与人的爱情，有神魔介入平凡男女的爱情，人与神的爱。无论是哪种类型，也不管故事情节多跌宕起伏，最终作者们都以正义战胜邪恶，一对主人公幸福地生活在一起为结局。通过这样的描写，作者歌颂了人类对美好爱情的可贵的执着精神，以及爱情的伟大。

揭露封建统治阶级的罪行，以及通过讲述底层人民生活的苦难来宣扬正义，是本书故事的重要特征之一。除了第一个故事，书中还有很多暴露帝王荒淫残暴的故事，都深刻揭露了封建官僚的无耻和世道的黑暗。

《一千零一夜》描写的故事众多，然而它的构架却一点也不凌乱。作者们采用了大故事套小故事的连锁式结构，不仅使全书成为一个有机的整体，而且引起了读者继续往下阅读的兴趣。这种环环相扣的结构，是本书的一大艺术特色。第一个故事是全书的第一环，它引出了后面的众多故事。

《一千零一夜》取材广泛，内容丰富。故事中既有色彩斑斓的神话描写，也有幽默风趣而让人深思的寓言等。此外，出场的角色除了各式各样的人物，还有精灵、神仙、妖怪、巫师等富有奇幻色彩的非人类。《一千零一夜》虽然处处充满了传奇性，但透过故事的本质，读者却可以窥见古代阿拉伯社会生活的方方面面。它既是一部民间传奇文学，也是一部具有现实意义的佳作。

第十二章

东方之珠：
印度和日本的近现代文学

（19世纪中期—20世纪初期）

在欧美各种现代主义文学思潮的影响下，亚非的近现代文学有了突破性的发展，但发展比较失衡，以印度和日本的文学成就最突出。印度出现了第一位获得诺贝尔文学奖的亚洲人泰戈尔，日本的川端康成和大江健三郎又先后于1968年和1994年获得了该奖项。泰戈尔创作了50多部诗集，以诗歌闻名于世。川端康成以格调悲伤唯美的小说闻名。此外，大器晚成的夏目漱石在日本近代文学中的地位也不可忽视。他的《我是猫》诙谐幽默，叙事艺术也独具风格，是日本近代文学史上的经典讽刺之作。

【图72】 泰戈尔雕像

天才诗人泰戈尔

　　拉宾德拉纳特·泰戈尔（图 72）是印度近代著名的诗人、小说家、戏剧家，第一位获得诺贝尔文学奖的亚洲人。泰戈尔一生创作了大量文学、哲学、政治论著。此外，作为一个绘画艺术家和音乐艺术家，他还创作了 1500 多幅画，谱写了许多歌曲。

　　在众多的文学成就中，泰戈尔的诗歌是最为出名的。泰戈尔的父亲是一位诗人、哲学家，同时也是一位宗教改革者，家里经常高朋满座，他的父亲和朋友们经常讨论国家大事。这样的成长环境引导泰戈尔走入了文学世界，也影响了他的世界观、文艺观，提升了他的思想素质。从七八岁，泰戈尔便开始诗歌创作，14 岁时他发表了爱国诗篇《献给印度教庙会》。

　　《吉檀迦利》是泰戈尔最著名的一部诗集。"吉檀迦利"意为"献歌"，原是指敬仰神而献给神的诗歌。然而，泰戈尔诗中的"神"并非传统意义上的神，而是一个可能"穿着破烂的衣服"的无所不在的"万物之王"。"他"可能走在"最贫贱最失宠的人群中"，是这些人的伙伴，也可能在"锄地的农夫那里，敲石头铺路的工人那里，太阳下、阴雨中"。这个"神"实际上是泰戈尔所追求的真理和理想的化身，泰戈尔对"他"的赞颂寄托了他自己对充满和平与爱的道德世界的热烈渴望。诗集中的第 17 首中有一句："我只等候着爱的到来，最终把我交到他手中。"这一句表明了泰戈尔以爱为出发点，把神和人乃至自然万物视为一体的泛神论思想。

　　《吉檀迦利》的思想内涵是崇高的，然而它的格调却是朴实的。诗人书写平常生活中的各种事情，如在土地上劳作的农民、山野四季的风光、印度劳动妇女的姿态等。他以自己细腻的内心感受，一面歌唱这些朴实的生活万象，一面表达了自己对祖国前途和人民的关心，以及他在人生理想上的探索和追求。诗歌的韵律优美，富有感情，它一出版就轰动了世界。爱尔兰诗人叶芝在给《吉檀迦利》作的序中写道："这部诗歌的感情描绘了我梦寐以求的世界。"诗集出版后的第二年，泰戈尔单凭它获得了 1913 年的诺贝尔文学奖。

　　泰戈尔的小说创作也取得了较大的成就，他的小说作品同样表现出了反封建、反殖民的民族主义精神。《戈拉》是泰戈尔最具代表性的小说。它以19 世纪末的印度民族解放运动为故事背景，讲述了爱国主义青年戈拉由一个封闭的新印度教教徒变为一个思想开放，具有包容、博爱思想的民族主义战士的故事。故事围绕反殖民主义运动、教派的斗争、爱情的坎坷、知识分子的成长这几个主题展开，描绘了19、20 世纪之交的印度社会生活的方方面面，被称为"近代印度的史诗"。

"国民大作家"和他的"猫"

夏目漱石是日本近代文学史上最杰出的作家之一，他一生创作了小说、诗歌、评论、随笔等众多作品，其中以小说的成就最大。他的长、中篇小说有将近 20 部都是在他人生最后十几年完成的。他在晚年享誉日本，被誉为"国民大作家"和"人生导师"。

夏目漱石原名夏目金之助，"漱石"是他的笔名。夏目漱石从小爱好文学，中学时代开始迷上了中国汉学文化，对汉文诗赋尤其感兴趣。进入大学后，夏目漱石以汉诗体作游记《木屑录》，并署名"漱石"，这是他最早汇集成册的作品。

然而，夏目漱石大器晚成，直到 38 岁才发表了他的小说处女作《我是猫》，随后轰动文坛。

《我是猫》原本是夏目漱石应《子规》杂志主编之约写的一个短篇，它的题材属于带有故事性的杂文。第一节短篇发表后，读者反响强烈，夏目漱石因此写了"续篇""续续篇"……一直写到第十一节，最后写成了长篇小说《我是猫》。小说以一只猫作为叙述者，以"我"的出生作为开头，讲述了"我"在主人苦沙弥家两年的见闻和感受。

作者以诙谐幽默的猫的口吻，描写了发生在苦沙弥家里的一切事情，包括苦沙弥一家的言谈举止和日常生活琐事，以及苦沙弥那些以"高等游民"自居的知识分子朋友如何故作风雅、虚伪拜金。这是一部具有独特艺术风格的批判现实主义小说。通过拟人化的猫的叙述，以苦沙弥为代表的明治时期的知识分子形象及 20 世纪初日本中小资产阶级社会的丑陋言行跃然纸上。小说虽然没有一个完整的故事情节，但它文笔轻松幽默，读起来畅快淋漓，因此备受读者喜爱。

苦沙弥及其朋友们经常谈古论今、嘲弄世俗，他们不满现实，针砭时弊，具有知识分子的叛逆精神。然而，他们同时是懦弱无能的。苦沙弥和他的几个朋友犹如屠格涅夫小说中的"多余人"，而这样的人物正是夏目漱石所在阶级的知识分子的写照。夏目漱石一面通过他们来贬斥资本家以金钱为一切的丑恶，一面又通过猫对他们的嘲讽，表达了自己对日本近代知识分子的精神出路的思考。

金田家是日本兴起的资本家势力的代表，他们对苦沙弥的打击报复，让猫都愤慨万分，觉得金田是"最坏的人类"。通过这样的描写，作者批判了资本家的罪恶。

《我是猫》是一部无头无尾的小说，然而它却是有发展变化的。除了金田家的婚事这一线索，猫的"进化"也是小说的一大线索和特色。小说一开头，"我"这只猫原本只是无意识地对人类进行观察评论，"我"的思想、立场还停留在动物的阶段。然而，随着见闻的增多和深入的思考，"我"的思维意识已经无异于普通人类。最后，当苦沙弥与金田家的冲突发生时，"我"已经超越了普通人，成了一只具有明确的思想观念和价值判断的猫。小说进行到此时，"我"的作用已经完成了。于是，作者当机立断，让"我"于苦沙弥及其朋友深夜散会后独自饮酒。结果，"我"喝多后掉进水缸，蒙眬中念着"南无阿弥陀佛"死去。

《我是猫》以其讽刺幽默的格调及不寻常的叙事艺术，成了日本近代文学史上的经典讽刺之作。

芥川龙之介与《罗生门》

夏目漱石不仅是个好作家，还是一个好老师，在他的门下出了很多优秀的作家，其中芥川龙之介是最出色的。

芥川龙之介十分擅长写短篇小说，虽然文学生命只有11年，但创作了140多篇短篇小说，其中最为人熟知的就是《罗生门》。在这篇小说里，芥川龙之介继续营造神秘恐怖的气氛，把故事的发生地安排在了一个充满无主尸体的城门——罗生门里。有一天，一个家将为了避雨来到罗生门，却撞见一个老太太在拔一个死去女人的头发。家将拔刀就要砍老太太，但老太太一边躲避，一边辩解自己是为了用这头发做成假发卖钱，并说自己只是为了生存，并不觉得自己的行为有何不妥。家将听了老太太的话，似乎得到了某种启示，他剥下老太太的衣服，冲进了夜色……

这本小说之所以取名《罗生门》，是因为罗生门是日本京都的一座城门。因为这里经常被用来存放无主的尸体，所以又被称为"人世与地狱的界门"。久而久之，罗生门就演变成当事人各执一词、真相真假不辩的代名词。

《伊豆的舞女》和《雪国》

川端康成 1899 年出生于日本大阪，他自幼喜爱读书，中学后开始投稿，1924 年大学毕业后与友人创办杂志《文艺时代》。1926 年，他以一部《伊豆的舞女》成名。1968 年 10 月，他成为日本第一个获得诺贝尔文学奖的小说家。1972 年 4 月 16 日，川端康成在自己的工作室里用煤气自杀。他一生共创作了百余篇小说（包括长、中、短篇）及上千篇散文、随笔、演讲稿、评论、诗歌等。

川端康成一生打交道最多的对象，除了文学，就是死亡。他不到 4 岁就先后死了父母，7 岁时祖母病逝，3 年后唯一的姐姐死了，再 4 年后唯一的亲人祖父也离开了人世。后来，他曾有一个月的时间里，作为川端家里唯一活着的人，又先后参加了几位亲朋好友和老师的葬礼。

在这么一种充满死亡氛围的环境里成长，川端康成形成了一种孤僻而柔弱的性格。他早早就对人生产生了幻灭感，对死亡产生了恐惧。

《伊豆的舞女》是川端康成的成名作，它是一部中篇小说，仍带有自传性质，不过不再是以作者为主角，而是以一个舞女为主角。小说讲述"我"到伊豆旅行，邂逅了一个 14 岁的舞女。小说将"我"的凄惨身世和舞女的悲惨命运联系起来，展示了一段忧郁清纯的爱情故事，表现出了社会底层人物之间相互悲悯、平等相爱的人道主义精神。

《伊豆的舞女》的格调优雅，表达的感情纤细，透露出淡淡的哀愁伤感，具有日本平安时期的文学艺术风格。它奠定了川端康成的文学格调，同时是他的转型之作。从这部作品开始，川端康成将描写的重点转移到社会底层的人物，尤其是舞女、艺伎、女侍者这类下层妇女，通过讲述她们的悲惨遭遇，表现川端康成自己的爱情观、生活观和审美观。在《伊豆的舞女》之后，川端康成又出版了《浅草红团》《雪国》等作品。其中，最负盛名的是《雪国》。《雪国》的创作时间从1935年到1948年，是川端康成在杂志上断断续续发表后集成的一部中篇小说。

《雪国》中的岛村是一个反衬驹子和叶子的人物。他除了父母留下的大笔遗产，一无所有。他的文雅和知性，只不过是相对于其他粗俗的男子而言的。通过和他的自私、冷酷对比，驹子的热情、美好和执着得以凸显出来。

叶子这个人物虽然是陪衬，但却对整部作品的基调有着决定性作用。她的美超越了驹子，也反衬了驹子被命运所迫的悲凉。她的死使得她的纯洁得以永远不被玷污，她因此得以保存了"完美"的形象。这种完美是通过死亡得以存在的，是一种理想而悲剧性的美。川端康成借助岛村的身份说，这样的美是充满诗意的，所以叶子的死亡也并非单纯的死亡，而是"内在生命的变形乃至升华过程"。

《雪国》以富有诗意的表现手法，表现了川端康成从古典文学特别是《源氏物语》中继承而来的"物哀"美学思想。所谓"物哀"，是指一种包含了同情、悲伤、赞美、悲观、爱怜等诸多因素的生死观。川端康成认为"物哀"思想是日本美学思想的源头，在这一观念的影响下，他认为"艺术的极致就是死灭"，死是最高的艺术，是美的一种表现。《雪国》中驹子的堕落和叶子的死亡，以及岛村身上体现的人生幻灭感，就是作者本人"物哀"观的表露。

高高 BOOKS

外国文学

策　　划	高 欣	品牌运营	孙　莉
销售总监	彭美娜	执行编辑	陈　静
营销编辑	王晓琦　张　颖	技术编辑	李　雁
装帧设计	高高国际		

微信公号｜高高国际

法律顾问｜北京万景律师事务所　创始合伙人　贺芳 律师